红壤坡地土壤水分时空分布与季节性干旱防控技术

汤崇军　陈晓安　郑太辉 等　著

U0238626

中国水利水电出版社
www.waterpub.com.cn

·北京·

内 容 提 要

本书针对南方红壤区季节性干旱严重、红壤水分库容小等问题，阐明了江西省季节性干旱时空分布特征，分析了季节性干旱成因；研发了红壤坡地土壤水分多维监测技术，通过野外定位观测，揭示了红壤坡地土壤水分时空分布规律，分析了其影响因素；研发了坡耕地和果园抗旱保墒的防控技术，进行了效应分析。该成果可为南方红壤区坡地季节性干旱防治提供理论和技术支持。

本书可供水土保持、环境科学和气象等领域相关科技人员和高等院校师生参考，也可供其他专业及有关工程技术人员参考。

图书在版编目（CIP）数据

红壤坡地土壤水分时空分布与季节性干旱防控技术 / 汤崇军等著. -- 北京：中国水利水电出版社，2024. 9.
ISBN 978-7-5226-2757-1

Ⅰ. S152.7；P426.615
中国国家版本馆CIP数据核字第20246UJ744号

书　　名	红壤坡地土壤水分时空分布与季节性干旱防控技术 HONGRANG PODI TURANG SHUIFEN SHIKONG FENBU YU JIJIEXING GANHAN FANGKONG JISHU
作　　者	汤崇军　陈晓安　郑太辉　等　著
出版发行	中国水利水电出版社 （北京市海淀区玉渊潭南路 1 号 D 座　100038） 网址：www. waterpub. com. cn E - mail：sales@ mwr. gov. cn 电话：（010）68545888（营销中心）
经　　售	北京科水图书销售有限公司 电话：（010）68545874、63202643 全国各地新华书店和相关出版物销售网点
排　　版	中国水利水电出版社微机排版中心
印　　刷	清淞永业（天津）印刷有限公司
规　　格	184mm×260mm　16 开本　9.5 印张　171 千字
版　　次	2024 年 9 月第 1 版　2024 年 9 月第 1 次印刷
印　　数	001—700 册
定　　价	**68.00 元**

前　言

　　红壤坡地是重要的农业土地资源之一，是我国特色农林产品的重要基地。红壤区气候主要属于亚热带季风气候，雨季和旱季交替特征明显。随着全球气候变化影响的加剧，季节性干旱频率和强度加剧趋势明显，严重影响着粮食安全、水安全和生态安全。

　　本书针对南方红壤区季节性干旱严重、红壤水分库容小等问题，阐明了江西省季节性干旱时空分布特征，分析了季节性干旱成因；研发了红壤坡地土壤水分多维监测技术，通过野外定位观测，揭示了红壤坡地土壤水分时空分布规律，分析了其影响因素；研发了坡耕地和果园抗旱保墒的防控技术，进行了效应分析。该成果可为南方红壤区坡地季节性干旱防治提供理论和技术支持。

　　本书由汤崇军总体设计，全书共6章，第1章为"绪论"，由汤崇军、胡优、郑太辉执笔；第2章为"江西省季节性干旱分布特征及成因"，由伍冰晨、郑太辉、吴少强执笔；第3章为"红壤坡地土壤水分多维监测技术"，由陈晓安、沈发兴、徐爱珍执笔；第4章为"红壤坡地土壤水分时空分布规律及其影响因素"，由汤崇军、郑太辉、陈晓安执笔；第5章为"坡耕地抗旱保墒防控技术及效应"，由陈晓安、汤崇军、郑太辉执笔；第6章为"坡地果园抗旱保墒防控技术及效应"，由徐爱珍、汤崇军执笔。全书由汤崇军、陈晓安、郑太辉统稿审定。

　　本研究得到江西水利科技项目"防治红壤区季节性干旱的坡面水土保持关键技术研究"（项目编号：KT201615）、"红壤丘陵区坡地柑橘果园多元覆盖保水防旱技术研究"（项目编号：202123YBKT13），水利部"948"项目"土壤水分多维监测系统在坡耕地水分运移监测中的应用"（项目编号：201519），江西省技术创新引导类计划（国家科技奖后备项目培育计划）"农事活动影响下红壤坡地水土流失防控关键技术与应用"（项目编号：20212AEI91011），"江西省高层次高技能领军人才培养工程"等资助。主要研究人员还有胡建民、杨洁、谢颂华、史志华、郑海金、段剑、王玲、刘洪光、熊永等。研究期间得到了江西省水利厅、江西省水利科学院等单位的大力支持，以及课题组全体研究人员的密切配合，圆满完成了研究任务。在此对他们的辛勤劳动表示诚挚的感谢。

限于作者水平，加之时间仓促，书中难免存在欠妥或谬误之处，恳请读者批评指正。

作者

2023 年 8 月

目 录

第1章 绪 论

1.1 红壤区季节性干旱概况

红壤是我国主要的土壤类型之一，主要集中分布在南方地区，包括云南、广西、广东、湖南、江西、福建等省（自治区、直辖市）。红壤含有丰富的铁、铝等矿物质，通常呈红褐色。红壤区气候主要属于亚热带季风气候，雨季和旱季交替特征明显，导致季节性干旱现象。季节性干旱对农业生产、生态环境和社会经济都产生了深远的影响。

1.1.1 季节性干旱分布

自20世纪80—90年代，越来越多的学者开始关注我国南方季节性干旱问题。尤其是在全球气候变化影响下，中国南方地区的干旱频率和强度呈现出明显增加趋势（刘洪顺，1993；张斌等，1995；黄晚华等，2010），该区域季节性干旱的发生概率在85％以上（黄道友等，2004），主要表现为干旱频率与强度大、干热同步，而成因主要是降雨、蒸发时间分布不同步，红壤调控能力弱等（王明珠，1997）。南方红壤丘陵区季节性干旱的危害程度自20世纪60年代以来持续增加（黄道友等，2004），其中春旱和秋旱加重，夏旱和冬旱减轻，对农业生产的不利影响呈加重趋势（黄晚华等，2010）。江西省地处长江中下游，年平均气温为16.3～19.5℃，多年平均降雨量为1341～1943mm，水热资源丰富，但时空分布不均；每年3—6月降雨量占全年降雨总量的60％左右，而7—12月极易发生季节性干旱，尤以7—8月的伏秋旱危害最大。如2013年江西省受旱面积为576100hm²，其中绝收面积为68700hm²，分别占该年份江西省受旱面积和绝收总面积的54.9％和81.0％（《中国统计年鉴2014》）。伏秋旱同连作重茬（耕作单一）、品质退化、引育良种少和肥料使用过量是影响南方红壤区花生持续高产的四大障碍。已有研究表明，对于处于结荚成熟期的花生而言，伏旱的起始早晚和程度与水分胁迫呈正相关（王明珠，1997；王明珠等，2005）。干旱胁迫不仅会限制谷类作物生长，影响植株的株高、地上部干重、根干重和总生物量，还会导致穗数、千粒重和穗粒数显著降低（陈晓远等，2004；於琍等，2004）。干旱严重时，旱坡地油茶的产量甚至下降 65.2%，严重影响农民增收。红壤的季节性干旱不同于我国北方的绝对干旱，其总体降雨并不少，春夏之交尤其丰沛，但夏秋出现干旱。红壤的季节性干旱特点主要表现为干旱的频率高、强度大，干热同步，蒸散大，深层土壤储水相对稳定，干旱多出现在表土（王明珠，1997；陈正法等，2002）。研究表明，春旱更易发生在华南和长江中下游地区，夏旱发生可能性较高的区域由长江中下游地区转到华南地区，秋旱发生可能性较高的地区为长江中下游地区和华南地区（隋月等，2012）。南方地区季节性干旱以秋旱频率最高、强度最大，其多发生在长江中下游地区和华南地区等主要农作区；其次为冬旱，主要发生在西南地区西部和华南地区等冬作区（黄晚华等，2013）。红壤区土壤-作物干旱年发生概率为 85.7%，其中不小于中等干旱年发生概率为 50.0%，7—8 月和 11—12 月为年内高发期，以夏秋干旱危害最大（黄道友等，2004）；而红壤区季节性干旱主要出现在 7 月下旬到 10 月下旬，概率在 50% 以上，并且夏季干旱往往连着秋季干旱（刘洪顺，1993）。江西省鹰潭市余江区 1956—1995 年间伏秋旱统计数据显示，每 2～3a 有一次伏旱和秋旱，伏秋连旱每 6a 有 1 次，年干旱发生率为 47.8%（王明珠，1997）。上述研究表明，红壤区季节性干旱无论在年际尺度还是年内尺度，已成为红壤区农业发展不可避免的制约因素。此外，随着全球气候变暖，极端气候出现得越来越频繁，南方红壤区季节性干旱应给予更多关注，研发相应的调控措施和技术。

1.1.2 季节性干旱危害

季节性干旱是指在特定季节或时间段内，地区降雨量明显减少，导致土壤水分不足，植物生长受阻，农作物产量下降，生态系统受损的自然现象。这种干旱形式在许多地区都存在，并对农业、生态环境和社会经济造成深远的影响。

季节性干旱对农业生产带来严重威胁。在干旱季节，农作物面临水分短缺的挑战，导致生长发育不良，果实发育不完整，甚至引发干旱凋落。为了应对干旱，常常需要提前浇水或增加灌溉频率，增加了耗水量和生产成本，降低了经济效益。此外，季节性干旱还可能导致作物病虫害增多，由于生态系统失衡，利于害虫和病菌出现，使农作物更容易受到攻击，增加了农业病虫害防控的难度。

季节性干旱严重影响生态环境。水资源短缺导致湿地和河流干涸，造成生态系统失衡。水生生物减少，影响生态链的完整性。干旱还导致植被减少，土壤侵蚀加剧，土地生态功能退化。生态环境的退化还会影响空气质量，加剧气候变化，影响人类的健康和生存环境。

季节性干旱对社会经济产生广泛影响。农业生产减产导致食品供应紧张，物价上涨，给民生带来压力。农民的收入减少，经济困难，社会稳定性受到威胁。此外，干旱还导致水资源短缺，影响工农业生产用水，制约经济健康发展。因此，季节性干旱不仅是农业问题，还是涉及社会各个层面的复杂问题，需要全社会共同应对。

1.1.3　季节性干旱成因

由于我国南方红壤区水热资源丰富，一般认为南方湿润区不存在干旱问题，所以季节性干旱对作物生长及产量的影响未得到应有的重视。20世纪60年代虽有所察觉，但仅将其归因于降雨时空分布不均，70年代逐渐认识到这类干旱不是单纯的气候问题，还有土壤、生物等因素（姚贤良，1996；李朝霞等，2005；唐彬等，2006），并试验了覆盖、松土、增肥保墒等措施，但对干旱成因、特征缺少系统分析，相关技术措施对防旱抗旱的贡献、机理的研究也有待于进一步深入。近年来，针对红壤区季节性干旱成因，相关学者已开展了大量研究，并产生了较多的成果。归纳起来，红壤季节性干旱产生的影响因素主要包括气候因素（降雨、蒸发等）、土壤因素、水利设施等。

1.1.3.1　气候因素

干旱是季风反常、气候异常等多种因素共同作用的结果。干旱的主要原因是气候出现异常引起长时间降雨偏少和气温偏高。降雨量偏少是干旱形成的首要因素，形成降雨首先要有冷暖气团交汇，当冷暖气团无法交汇时就易形成干旱；持续的高温天气使得水分蒸发在降雨较少的情况下表现得更加强烈，加剧了干旱。红壤区降雨时空分布不均，少雨季节与强蒸发、高温时期叠合是该区域季节性干旱频繁发生的主要原因（宋州俊，2010）。

南方红壤区降雨一般集中在3—6月，此时降雨集中且降雨强度大，占年降雨量的60%左右，易引起洪、涝、渍害，8—9月高温少雨，伏旱秋旱严重，降雨量仅有年降雨量的10%左右（张斌等，1995）。一般降雨量的季节变化超前于潜在蒸发量变化一个月，春夏雨季结束，随即进入伏秋高温和蒸发高峰期，蒸发量明显高于降雨量（王明珠，1997），在降雨亏缺和蒸发剧烈的双重作用下，干旱状况加剧。王明珠等通过统计分析发现，余江区1955—2004年平均降雨量为1788.8mm，相对湿度为76%~86%。3—6月为雨季，降雨占全年的58.3%，且降雨集中、强度大，尤其是5—6月，日降雨大于

100mm 的暴雨、大暴雨年均有 0.94 次，3～4a 出现一次洪涝；7—9 月又高温少雨，月均温为 29～30℃，土温表层（0～5cm）为 31～43℃，降雨仅占全年雨量的 19.6%，蒸发量却是同期降雨的 1.63 倍；月干燥度也由 1—6 月的 0.35～0.49 骤升至 7—10 月的 1.59～1.77。由此，近 90% 年份出现早晚不定、长短不一、轻重不等的伏旱、秋旱或伏秋连旱。按重旱标准统计，50a 平均伏旱或秋旱 2.3a 一次，伏秋连旱 6a 一次。20 世纪 80 年代后，干旱频率和强度加大，每 1.9a 就有一次伏旱或秋旱，2003 年和 2004 年相继出现 100 年一遇和 50 年一遇的伏秋连旱，加剧了作物生长旺季、需水高峰的干旱胁迫。

伏秋期间月均温为 29～30℃，极端最高温为 40～40.5℃，蒸发量是降雨量的 1.5～1.8 倍，形成伏秋旱的间期短（王明珠，1997）。土壤水也由于缓冲力差，迅即进入高吸力低持水阶段，吸力由雨季的 10kPa 左右升高至 20～80kPa。土壤干旱滞后于天气干旱 10～33d。而且，林、果、茶、旱作地的吸力变化趋势一致。土壤水动态的空间变化表明：伏秋旱期间，0～20cm 土层内经常处于萎蔫含水量以下，20cm 处吸力高达 70～80kPa，且晴雨间变幅大、变化频繁；100cm 处吸力正好相反，多在 0～40kPa 范围内，变幅相对小而稳定；60cm 处吸力则介于两者之间。就作物而言，林、果根系分布较深，多达 70～90cm，可利用心底土水分，有效水利用率达 31.9%～36.3%。旱作主要利用表层水，而表层水强烈蒸发又会使心土层很快形成"自然幂"，抑制心底土水分向上运行，导致依赖于表层水的旱作旱 3～5d 出现凋萎，有效水利用率仅 28.0%。1～2m 和 2～3m 土层水分丰富，旱季有效水量仍达 114.6mm 和 162.5mm，比 0～1m 土层相应高出 0.5 倍和 2.2 倍。

1.1.3.2 土壤因素

土壤性质是影响红壤丘陵区季节性干旱的另一重要因素。红壤特殊的土壤物理性质和红壤区特定的土壤-植物-大气系统水分运动模式的综合作用是红壤季节性干旱的成因之一（张斌等，1995）。

（1）红壤持蓄水能力弱，有效水含量低。与其他类型土壤的对比研究表明，红壤土体的总库容比东北黑土、华北潮土分别低 16.5% 和 15.2%；储水库容比东北黑土、华北潮土分别低 21.4% 和 14.9%；红壤的有效水库容只占储水库容的 34.1%，而东北黑土、华北潮土的有效水库容分别占其储水库容的 49.4% 和 52.9%（黄道友等，2004）。由于影响库容的主要因素是土壤质地和土壤结构状况，一方面红壤高度发育的微团聚体及其构成的通气孔隙使其通透库容较大，储水库容较小；另一方面微团聚体内吸持的水分也占据了部分库容，为无效库容，加之红壤的黏粒含量高，而黏粒吸附水又多为无效水，因而红壤有效水库容较小，使其较潮土和黑土更易受到干旱的威胁。张斌等利用土壤水分特征曲线计算出的土壤比水容重描述红壤水分保持和释放能力，其计算公式为 $C_\theta = d_\theta/d_S$（θ 为土壤含水量，S 为土壤水吸力）。研究表明红壤不但有效水库容小，而且有效水的释放主要在低吸力段。

（2）红壤物理性质不良，土壤非饱和导水率随着土壤含水量的降低而急剧下降，即使在土壤含水量还较高时，土壤水势就已接近萎蔫点，无法向作物提供充足的水分，作物很早就开始受到干旱胁迫。

（3）土壤持蓄水能力低、有效水库容小是该区季节性干旱发生的重要原因，故南方红壤区较东北黑土区和华北潮土区易发生季节性干旱。

（4）红壤区的包气带厚度较大，浅部缺乏相对隔水层，大气降水入渗后，水分即向深部运移，是红壤季节性干旱加剧的水文地质因素。可见土壤水分特征是红壤作物更易遭受干旱威胁的主要原因之一。

1.1.3.3 水利设施

除了降雨不均、蒸发和高温叠合的原因外，农田水利基础设施薄弱、灌溉设施功能退化也是南方红壤区季节性干旱的原因（黄道友等，2004）。南方红壤缺乏必要的抗旱保墒措施同样是加剧季节性干旱的重要因素（宋同清等，2006）。南方红壤区是丰水区，大部分地区年平均降雨量均高于全国平均水平两成左右，而且即使在旱季，地下 1～2m 和 2～3m 土层内含水量依然很高，有效含水量高达 114.6mm 和 162.5mm（王明珠，1997）。但是南方地区季节性干旱仍然频繁发生，其背后折射的是南方红壤区水利工程设施建设尚显不足的现实。水利设施的薄弱导致雨水蓄不住，地下水用不上，在干旱发生时无充足的调控水源，无法及时有效地进行抗旱，加重了干旱的危害。

1.2 土壤墒情监测技术

土壤墒情监测与尺度概念有着密切联系（Vereecken et al.，2014），根据尺度的不同，土壤墒情监测技术可以按点尺度、中尺度（也指田间尺度）和遥感大尺度（包括流域、区域和全球尺度）划分。

1.2.1 点尺度监测技术

烘干法是测量含水率的标准方法，该方法是指取土样 15～20g 后称重，在 105℃烘箱内烘 5～8h 直至恒重，再称重计算质量含水率（王文焰和张建丰，1991)。如果土壤容重已知，用质量含水率乘以容重可以计算体积含水率。但是该方法一般需要在室内进行，土壤样品在搬运过程可能会造成水分损失。而且它是一种具破坏性测量方法，费时费力，不利于土壤水分原位连续自动化监测。烘干法是直接测量法，而大多数用来测含水率的方法都是间接法，即通过测量土壤的物理性质，建立它们与含水率的经验或理论模型，进而测量含水率。时域反射技术 (time domain reflectometry, TDR) 是田间最常用的土壤含水率测定技术。土壤的介电常数主要受水分的影响，水的介电常数约为 80，空气的介电常数约为 1，土壤颗粒的介电常数在 4~7 之间 (Sakaki et al.，1998；Weitz et al.，1997)。通过测量电磁波沿着插在土壤中的 TDR 探针的传播时间来计算介电常数，根据土壤介电常数与含水率的关系推求含水率 (Topp et al.，1982)。测量范围是沿探针长度与探针接触的土壤体积。该方法易受土壤盐分的影响 (Nadler et al.，1999)，在含盐量高的土壤 (如盐碱地) 误差较大，并且体积含水率与介电常数的关系受测量频率、温度、结构、容重、化学成分等因素的影响 (Boyarskii et al.，2002；Gutina et al.，2003)。直流电阻 (direct current resistivity, DC) 法是最古老的方法 (Briggs，1899)。土壤电阻率或电导率主要受含水率、盐分和温度的影响。给插入土壤中的一对电极通电，通过测量电压值的改变量可以估算土壤含水率。该方法便宜且能够准确测量，但易受土壤盐分和探针极化的影响 (Artiola et al.，2004)。中子技术在间接法中也应用得十分广泛。放射源发射快中子，快中子在土壤中运行时，会与氢原子发生碰撞，在热化的过程中失去能量 (Bittelli，2011)，通过计算热化的慢中子推算土壤中的氢原子含量，从而得到土壤含水率。尽管中子仪法可以较精确地测量含水率，但它存在危害人体健康的风险，所以使用次数受到限制 (Robinson et al.，2008)，且该方法并不能监测表层土壤含水率。探地雷达 (ground - penetrating radar, GPR) 技术自 20 世纪 80 年代以来就得到了广泛的研究，近年来得到了快速发展 (Vereecken et al.，2008)。该方法为非接触式测量，测量原理是电磁波在土壤中的传播速率取决于介电常数，通过测量电磁波从雷达辐射源到接收天线的电磁波速率 (Grote et al.，2003；Huisman et al.，2001) 或反射振幅 (Rucker et al.，2005；Serbin et al.，2004) 估算土壤含水率。GPR 法适用于少次测量土壤含水率，如果要通过高频率连续测量去了解土壤水分动态，该方法则不可行 (Vereecken et al.，2008)。热脉冲探针技术是测量土壤热性质最流行的技术，根据热性质与含水率的物理、经验或半经验关系可反推求土壤含水率 (Campbell et al.，1991；Campbell et al.，1994)。热脉冲探针法已成为测量含水率较为经济的方法。Campbell et al. 首次利用双探针热脉冲理论测量了土壤热性质，通过热性质与含水率的函数关系测量含水率。热脉冲双探针法测含水率具有很高的精度，在室内（Basinger et al.，2003；Bristow et al.，1993）和田间（Campbell et al.，2002；Heitman et al.，2003）都得到了很好的应用。Li et al.（2016）利用单探针热脉冲法，根据最大升温值、累积升温值和热导率等于含水率的经验关系测量了含水率。Ren et al. 将热脉冲探针与TDR结合起来，提出用热脉冲-时域反射（thermo‐TDR）技术同时测量土壤的含水率、热性质和电导率（Ren et al.，1999；Ren et al.，2003；任图生等，2005），拓展了热脉冲探针在土壤中的应用。双针热脉冲方法测含水率会受探针间距、探针热特性（Liu et al.，2012；付永威等，2014）、接触热阻（Liu et al.，2010）及田间环境温度变化的影响。

1.2.2 中尺度监测技术

高分辨率监测田间土壤水分时空变异是精准灌溉亟须解决的难题。因此，亟须发展可以精确捕捉水分空间变异的（田间）中尺度测量新方法。目前全球定位系统反射（global positioning system reflectometry，GPS‐R）技术在中尺度土壤水分监测中应用最为广泛，能够监测面积为 $300m^2$ 的地表平均土壤含水率。与微波遥感法类似，GPS‐R法对土壤表面粗糙度和植被条件敏感（Larson et al.，2010），所以在实际测量时需要考虑这些因素。在GPS‐R技术发展的同时，Zreda et al.（2008）报道了利用宇宙射线土壤水分观测系统（cosmic ray soil moisture observing system，COSMOS）监测半径约为300m、深度可达0.7m的土壤含水率平均值。氢原子具有最大弱化宇宙射线快中子的能力（Zreda et al.，2008），所以环境中的总氢原子数与快中子数呈现负相关。该方法必须考虑其他氢原子的来源，例如大气水蒸气、土壤表面积水、生物水和晶格水等（Zreda et al.，2012）。植物体内的水分会随季节而变化，所以很难将植物水分的贡献区分开来，并且测量深度会随含水率的变化而变化（Zreda et al.，2008）。因此COSMOS测量的是整个区域内某一土层厚度含水率累积值，而不是代表某个深度的土壤水分。另外，COSMOS测量含水率需要大量的点尺度测量来进行校正。

GPS‐R法和COSMOS法测量的是中尺度区域的土壤水分的平均值，并且测量的不确定性因素很多。近十年发展起来的分布式温度传感技术则为点尺度和大尺度测量含水率方法架起了桥梁，能够高空间分辨率（<1m）分布式监测田间中尺度土壤含水率（Sayde et al.，2014），对获取土壤含水率的空间变异信息具有十分重要的意义。

1.2.3 大尺度监测技术

遥感法是全球大尺度土壤水分测量最常用的方法。在 20 世纪 70 年代，许多研究深入讨论了利用热遥感估算土壤水分的问题（Price，1977；Verhoef，2004）。土壤热惯量与日最大最小温度值有关，热惯量是土壤水分的函数，可以通过热惯量或日最大最小温度值得到含水率。但热惯量法测量含水率也存在不足。陆地热惯量是土壤温度和植被温度的加权平均，这导致热惯量法只适用于裸地或植被稀疏的地区（Schmugge，1978）。土壤热惯量不仅归因于日最大最小温差，而且与太阳辐射、土壤蒸发有关。这些因素会给热惯量法反演含水率带来误差（Saltzman et al.，2010）。相比于热遥感法，微波遥感法受大气条件的影响较小，因而得到了更多的青睐。主动微波法则通过测量背向散射回的微波脉冲可以得到介电常数，从而求得含水率（Ulaby et al.，1997）。被动微波法通过测量土壤亮温求解土壤介电常数（Njoku et al.，1996）。然而，植被覆盖和地表粗糙度都会影响遥感法对含水率的测量。

1.3 土壤水分分布特征

近几十年来，土壤水分监测和对土壤水分分布规律的分析都获得了重要的进展。学者们对土壤水分的时空变化特征已有大量研究，在众多的研究中，发现土壤水分的时空变化明显。Lauzon et al.（2004）从不同的时间尺度和深度方面发现土壤水分的变化规律具有季节性变化的特征，冬季土壤水分含量一般要比夏季要高。Perry et al.（2007）分析流域的土壤水分时空变化特征，发现水分干湿季节变化明显。Jawson（2007）发现水分在区域上的变化特征明显。法国工程师达西通过实验发现线性渗流定律，是描述饱和土壤中水的渗流速度与降雨力梯度之间的线性关系的定律（蒋定生等，1984；毛迪凡，2012）。Gardner 将土壤水分形态和能量联系起来，发现土壤水势需要依赖土壤水分（高峰等，2009；向龙等，2008）。20 世纪 60 年代出现了土壤植物大气连续体（soil-plant-atmosphere continuum，SPAC）的概念，开始了用数学物理方法研究土壤水分的历程（Hong et al.，2020；Penuelas et al.，2020）。

国内学者对土壤水分分配规律也进行了大量的研究。研究发现，土壤水分在空间上存在随着距离水源地越远土壤水分含量就越低的规律（杜康等，2020），而且在垂直分布上土壤水分随着深度的增加而减少。土壤水分时间特征上划分为稳定期、消耗期和补给期三个时段，0～90cm深度的土壤水分含量从表层到深层表现为增长型，空间特征上划分为相对稳定层活跃层、次活跃层和活跃层三个层次，土壤剖面水分变异系数随降雨量和土层深度的增加而减小（吴汉等，2018）。农作区的径流系数高于荒草区，荒草区可以通过提高土壤的渗漏量保持较高的入渗比率，因此植被对土壤水分的分布有着很大的影响（彭娜等，2006）。汪星等（2021）通过野外大型土柱试验表明大于26mm的降雨能够对深层干化土壤进行水分补给。唐彬等通过连续2a土壤水分定位观测，发现土壤水分有明显的干湿交替特征，持续干旱可以减少沿斜坡土壤水分分布的变化（唐彬等，2006）。谢小立等发现湘北红壤有效水含量低，含水量在时间特征上可分为饱和、亏缺和补充三个时期（谢小立等，2004）。程训强等用TDR系统实现了坡地小区的连续监测，发现坡下表层土壤体积含水量低于坡上、坡中体积含水量，其分布差异与土壤容重有一定相关性（程训强等，2010）。宁婷等研究了半干旱黄土丘陵区的土壤水分循环特征，发现降雨入渗量和入渗深度随降雨量的增加而增加，入渗补给系数为0.44，土壤水分的蒸散发量表现为：丰水年＞平水年＞干旱年，将黄土丘陵区分为水分活跃层（0～40cm）、次活跃层（40～200cm）和相对稳定层（200cm以下）三个层次（宁婷等，2015）。康金林等发现土壤的入渗率与初始含水率成反比关系，初始含水率越高，入渗率越低；土壤容重越大，入渗率越低（康金林等2016）。邹焱等也发现土壤初始含水量对水分的入渗及再分布有较大影响，初始含水量较低时，水分入渗较快，而水分再分布较慢（邹焱等，2005）。杜康等发现黄土丘陵区土壤含水量由表层到深层呈S形，含水量先增大后减小，而程冬兵等发现红壤各层土壤含水量表现出先减小、后增大的趋势，随着土壤深度的增加，各层土壤含水量随降雨的响应速度变慢（程冬兵等，2009），由此看出黄土和红壤在垂直方向上的含水量变化有一定的区别。吴汉等研究表明干热河谷冲沟不同部位（集水区、沟头、沟床）土壤含水量随时间变化可划分为土壤水分消耗期（2—6月）、土壤水分积累期（7—10月）和土壤水分消退期（11—12月）（吴汉等，2018）。

前人做了大量的试验来研究土壤水分的变化特征。王玉宽等（2004）利用人工模拟降雨试验，研究了黄土高原降雨强度对坡面起始产流时间和入渗率的影响，及入渗率随时间变化的关系。徐为群等（1995）利用模拟试验研究了黄土坡地坡面侵蚀的过程。王春红等（2004）运用室内降雨和野外结合的方式，研究了秸秆覆盖对坡地土壤侵蚀和径流的影响。模拟降雨可以在最短的时间内获取大量系统的数据资料，可操作性强，缩短了研究时间，但模拟降雨在雨滴大小和分布、雨滴终点速度、雨滴动能（吴光艳等，2013）等方面仍与天然降雨存在差异，限制了实际中研究降雨对土壤水分影响规律的准确性。汪星等（2021）选取表层入渗快速蒸发型、浅层入渗缓慢蒸发型、深层入渗补给型降雨各一场，探究了陕北地区自然降雨对干化土壤的有效性，发现深层入渗补给型降雨、大于 26mm 的降雨对土壤水分有补给作用，为有效降雨。

1.4　干旱防控技术

干旱是一种自然灾害，严重影响着农业生产的健康发展。随着全球气候变化的不断加剧，干旱现象愈发频繁和严重。因此，研究和采用先进的干旱防控技术势在必行。气候变化不仅增加了干旱的频率和强度，而且导致了极端天气事件的增多。这些极端天气事件可能导致暴雨和干旱在同一地区交替出现，使干旱防控工作更加复杂和困难。因此，技术研发需要考虑适应和应对这种复杂多变的气候情况，为干旱防控提供科学有效的解决方案。

1.4.1　灌溉防控技术

灌溉管理是干旱防控的重要措施之一。科学合理的灌溉策略可以确保果树得到充分的水分供应，提高农产品的品质和产量。滴灌是一种高效的节水灌溉技术。该技术通过管道系统将水滴定量送到果树根部，减少水分的蒸发和流失，实现精确供水。相比传统灌溉，滴灌可将水资源利用效率提高 30% 以上，且农作物的生长情况更为稳定。此外，滴灌还能减少土壤盐碱化现象，改善土壤环境。因此，在干旱地区推广滴灌技术有助于提高农业的抗旱能力和经济效益。在干旱地区，利用雨水是一种简单且有效的补水方式。通过设置雨水收集装置，收集并储存雨水，用于干旱期间的灌溉和补水，不仅减轻了对地下水的依赖，降低了灌溉成本，还能有效应对干旱造成的水资源短缺问题。因此，雨水收集与储存技术是干旱防控的重要措施。

1.4.2　水土保持防控技术

土壤保水是干旱防控的关键一环。干旱地区的土壤通常水分蒸发快、保水能力差，因此采取措施增加土壤保水性十分必要。覆盖技术是一种简单有效的土壤保水方法。覆盖物如秸秆、草木屑等可形成保水层，阻止水分的快速蒸发，并抑制杂草生长。覆盖技术不仅有助于保持土壤湿度，还能改善土壤结构，增加有机质含量，为农作物生长提供更为理想的生长环境。翻耕、水稻栽后麦秸覆盖还田，可以减少田间蒸发耗水，节水 41.84%（郑家国等，2006）。杉树高层间作、白三叶草低层间种和稻草覆盖三种典型生物措施在拦截降雨、减少地表径流、降低茶园温度、抑制蒸腾蒸发等综合因子的协同作用下，在夏季高温干旱和秋季持续干旱时期提高了 0～20cm 地表层土壤含水量，延缓和缩短了两种典型时期的干旱时间，缓解了旱情，显著增加了夏秋茶产量，综合改良了夏秋茶品质（宋同清等，2006）。不同保墒耕作对小麦农艺性状及产量的影响，有学者认为休闲期深松配套条播方式较其他耕种组合方式可显著增加产量（赵红梅等，2016）。南方季节性干旱区域地膜覆盖、稻草覆盖、保水剂均能保蓄土壤水分，缓解季节性干旱危害（汤文光等，2011）。不同耕作模式下土壤蓄水保墒效益研究认为，保护性耕作模式改善了麦田的土壤水分状况，且提高作物产量和水分利用效率效果显著（侯贤清等，2012）。

1.4.3　耐旱品种培育技术

植物抗旱策略是干旱防控的另一个重要方面。通过选择适应性强的耐旱植物进行种植，可以有效提高整体抗旱能力。例如，选择一些耐旱性较强的品种，如杏、山楂、柿子等，这些果树在干旱条件下能够较好地适应和生长，减少了受干旱影响的风险。此外，还可以通过优良品种选育，培育更具抗旱性的新品种，以满足不同干旱程度下的种植需求。

1.4.4　植物生理调控技术

植物生理调控是防旱抗旱的另一种重要手段。植物在遭受干旱胁迫时，会通过一系列生理反应来调节水分平衡和生长状态。因此，可以利用生物技术手段，引导植物产生更多的抗旱相关蛋白，提高其耐旱能力。同时，适时施用植物生长调节剂，调控植物的生长节律，合理分配水分和养分，有助于植物在干旱条件下维持较好的生长状态。除了针对植物的抗旱策略，干旱防控还需要综合运用多种手段。例如，优化种植结构，适当增加适应性较强的作物比例，提高整体抗旱能力。此外，应加强监测和预警系统的建设，及时了解干旱情况，采取预防措施，降低干旱对农业生产的影响。

综上关于南方季节性干旱分布、成因、危害和特征等方面的研究取得了较好成果，防治季节性干旱的技术研究亦有一定成效。但红壤区季节性干旱对坡地土壤水分时空分布的影响及水土保持措施防治干旱研究不足，红壤坡地水蚀和季节性干旱有一定因果关系。为此，开展红壤坡地土壤水分时空变化和季节性干旱防控技术研究具有重要现实意义。

第2章 江西省季节性干旱分布特征及成因

2.1 数据来源与干旱评估

2.1.1 气象资料来源

气象资料来源于中国气象局的中国地面气候资料日值数据集，依据中华人民共和国水利行业标准《旱情等级标准》（SL 424—2008）中的旱情等级标准对连续无降雨日数旱情等级进行划分。表 2.1 为江西省气象站点分区表，其中包括赣北地区的南昌、玉山、修水、景德镇、贵溪、庐山、鄱阳、樟树，赣中地区的吉安、南城、宜春、广昌，赣南地区的赣县、遂川、寻乌 3 个子区域 15 个站点近 59a（1957—2015 年）的平均气温、最高、最低平均气温、日照时数、降雨量、相对湿度、风速等资料。

表 2.1   江西省气象站点分区表

站号	台站	经度/(°)	纬度/(°)	地区
57799	吉安	114.55	27.03	吉安
57896	遂川	114.30	26.20	吉安
57993	赣县	115.00	25.52	赣州
58606	南昌	115.55	28.36	南昌
58634	玉山	118.15	28.41	上饶
57598	修水	114.35	29.02	九江
57793	宜春	114.23	27.48	赣州
58527	景德镇	117.12	29.18	景德镇
58626	贵溪	117.13	28.18	鹰潭
58715	南城	116.39	27.35	抚州
58813	广昌	116.20	26.51	抚州
58506	庐山	115.98	29.58	九江
58519	鄱阳	116.68	29	上饶

站号	台站	经度/(°)	纬度/(°)	地区
58608	樟树	115.55	28.07	宜春
59102	寻乌	115.65	30.65	赣州

2.1.2　连续无有效降水日数（Dnp）计算

连续无有效降水日数（Dnp）是表征农田供水状况的重要指标之一，指作物生长季降雨量连续小于有效降水临界值的天数。连续无有效降水日数计算公式为

$$Dnp = \sum_{i=1}^{n} Dnp_i \tag{2.1}$$

式中：n 为日降雨量小于有效降水量的总日数，d；Dnp 为连续无有效降水日数，d；Dnp_i 为日降雨量小于有效降水量的降水日数，d，其计算公式为

$$Dnp_i = \begin{cases} 1, P < P_0 \\ 0, P \geqslant P_0 \end{cases} \tag{2.2}$$

式中：P 为日降雨量，mm；P_0 为日有效降水临界值，不同季节影响下作物需水量具有差异性，日降雨量是否为有效降雨的规定为：秋季（9—11 月）、春季（3—5 月）和冬季（12 月至次年 2 月），小于 3mm 的日降雨量视为无有效降雨，$P_0 = 3\text{mm}$；夏季（6—8 月），小于 5mm 的日降雨量视为无有效降雨，$P_0 = 5\text{mm}$。

2.1.3　干旱强度分级

不同季节的干旱特点有所不同，基于不同季节的保水抗旱能力对干旱持续天数的影响，根据分级标准，定义干旱指数（I）为

$$I = Dnp/G \tag{2.3}$$

式中：G 为干旱强度等级划分的天数，d，根据不同季节对干旱强度等级的影响，冬季 $G=20$，夏季 $G=10$，春季和秋季 $G=15$；I 为干旱指数，四舍五入取整，取值为 1、2、3、4，分别表示轻旱强度、中旱强度、重旱强度、特旱强度，干旱持续天数和干旱强度等级见表 2.2。

表 2.2　　　　　　　　　干旱持续天数和干旱强度等级　　　　　　　　　单位：d

干旱强度等级	等级名称	春季（3—5 月）、秋季（9—11 月）	夏季（6—8 月）	冬季（12 月至次年 2 月）
1	轻旱	10～20	5～10	15～25

干旱强度 等级	等级名称	春季（3—5月）、 秋季（9—11月）	夏季（6—8月）	冬季（12月至次年2月）
2	中旱	21～45	11～15	26～45
3	重旱	46～60	16～30	46～70
4	特旱	＞60	＞30	＞70

计算不同干旱程度干旱频次统计表时，例如轻旱统计表，当月一次干旱记录1，当月二次干旱记录2。当某场次干旱跨月份，干旱天数多的月份记为干旱，另一个月不能再计算；当某场次干旱跨月份，两个月份天数都相等时按照下列规则计算：1月和2月相等跨度时算2月，2月和3月相等跨度时算3月，3月和4月相等跨度时算4月，4月和5月相等跨度时算5月，5月和6月相等跨度时算6月，6月和7月相等跨度时算7月，7月和8月相等跨度时算8月，8月和9月相等跨度时算8月，9月和10月相等跨度时算9月，10月和11月相等跨度时算10月，11月和12月相等跨度时算11月，12月和次年1月相等跨度时算上年12月。

2.1.4 干旱评估指标

为了在更大范围内更好地反映区域干旱的发生程度的大小，这里引入干旱频率、干旱站次比和变化趋势率的概念。

（1）干旱频率（P_i）。P_i 是用于评估一个站点有数据的一年中的干旱频率，计算公式为

$$P_i = \frac{n}{N} \times 100\% \tag{2.4}$$

式中：n 为该站发生干旱的年数；N 为某站有气象资料的总年数；i 为区别不同站的代号。

根据不同程度干旱的年数计算不同程度干旱的频率。为了便于分析比较，本文将轻旱（包括轻度干旱及以上）发生的年份记录为干旱。

（2）干旱站次比（P_j）。P_j 是用某地区受旱影响站数与总站数之比来评价旱灾影响面积的大小，计算公式为

$$P_j = \frac{m}{M} \times 100\% \tag{2.5}$$

式中：m 为发生干旱的站数；M 为研究区域内总站数；j 为不同年份的代号。

干旱发生站次比（P_j）反映某一地区干旱发生范围的大小，也间接表现干旱影响范围的严重程度。

（3）变化趋势率。变化趋势率也称气候趋势率，代表了气象数据的变化趋势，一般为历年气候要素变化过程拟合直线斜率的 10 倍。统计学中，在统计上，用 x_i 表示一个样本量为 n 的气候变量，用 t_i 表示 x_i 对应的时间，建立 x_i 和 t_i 之间的线性回归方程为

$$\hat{X}_i = n + bt_i, \quad i = 1, 2, \cdots, n \tag{2.6}$$

式中：b 为回归系数，可以用最小二乘法估计；a 为回归常数，可以用最小二乘法估计。

气候要素倾向率为回归常数的 10 倍。在实际计算中，可以按时间序列建立计算结果，在 Excel 中可以用 Slope 函数拟合计算。

2.2　干旱空间分布特征

江西省春季干旱情况总体上表现为赣中＜赣北＜赣南，赣中和赣北地区基本为干旱发生较轻的地区，干旱频率小于 50％，其中以景德镇市、上饶市西部和九江市西部地区干旱频率较高，在 50％左右。赣南以吉安市南部和赣州市地区较为严重，干旱频率在 75％以上，为春季干旱严重地区。这表明江西省春季干旱主要以赣南地区为主。

江西省夏季干旱情况总体呈现由外向内干旱逐渐加重的趋势。内部干旱较为严重，北部以吉安市、宜春市东部、抚州市北部、南昌市和上饶市西部为主，其中尤以上饶市西部和吉安市较为严重，干旱频率在 75％以上。南部片区主要为赣州市南部地区，干旱频率高达 75％。江西省外部地区干旱频率都在 33％左右，为夏季发生干旱频率较低的地区。这表明江西省夏季干旱主要发生在吉安市、宜春市东部、抚州市北部、南昌市、上饶市西部和赣州市南部地区。

江西省秋季干旱情况总体表现为全省只有少部分地区干旱较轻，其他地区干旱较严重。九江市北部地区和吉安市西南部地区干旱频率在 20％以下，其他地区干旱频率都在 50％以上，尤以宜春市、九江市西部、南昌市、赣州市等地区干旱较为严重，在 75％以上。这表明江西省秋季干旱全省只有较小部分地区干旱轻微，其他大部分地区干旱较为严重。

江西省冬季干旱情况总体表现为北向南干旱频率逐渐增大，江西省东北部地区干旱较轻，频率在 33.3％以下，中部地区干旱频率略大，但在 50％以下，向南到吉安市南部和赣州市地区干旱加重，频率在 50％以上，尤以赣州市南部地区干旱最严重，频率高达 75％以上。这表明江西省冬季干旱频率呈

现由北向南逐渐增大的趋势。

　　基于连续无有效降雨日数（Dnp）指标的干旱频率显示，江西省春季干旱主要发生在赣州市，夏季干旱主要发生在鄱阳湖平原地区和赣州市南部，秋季干旱全省都较为严重，尤以宜春市、九江市西部、南昌市、赣州市等地最为严重，冬季干旱主要发生在赣州市。另外，一年四季中赣州市都是干旱较为严重的区域，为江西省干旱重灾区。近59a，九江市春季发生干旱54次，夏季发生干旱465次，秋季发生干旱189次，冬季发生干旱62次，夏季和秋季发生干旱次数在江西各站点中最多，为江西省干旱重灾区，是季节性干旱影响的典型区域，表明该地的土壤水分特征在江西省各站点中具有代表性。

2.3　干旱时间分布特征

2.3.1　年际特征

　　计算1957—2015年江西省赣北、赣中和赣南地区四季的干旱站次比和干旱持续天数，其中干旱站次比表征地区干旱发生的范围大小，干旱持续天数表征地区干旱强度的大小，表2.3列出了干旱站次比和干旱持续天数的变化趋势率（以10a计）。

表 2.3　　　江西省各地区基于连续无有效降水日数的干旱站次比和干旱持续天数的变化趋势率（以10a计）　　　　　%

季节	干旱指标	赣　北		赣　中		赣　南		江西省	
		趋势率	趋势	趋势率	趋势	趋势率	趋势	趋势率	趋势
春季	干旱站次比	0.412	略增	0.476	略增	−0.621	略减	0.17	略增
	干旱持续天数	1.358	增加	0.131	略增	−0.758	减少	0.67	增加
夏季	干旱站次比	0	无变化	0	无变化	0	无变化	0	无变化
	干旱持续天数	−1.848**	减少	−1.436	减少	−0.31	略减	−1.78*	减少
秋季	干旱站次比	0	无变化	0	无变化	0	无变化	0	无变化
	干旱持续天数	0.66	增加	1.068	增加	−0.224	略减	1.1	增加
冬季	干旱站次比	0.2	略增	1.23	增加	−0.622	略减	0.11	略增
	干旱持续天数	−0.839	减少	0.104	增加	0.782	增加	−0.58	略减

注：* 表示 $p < 0.05$，** 表示 $p < 0.01$。

　　表2.3反映了1957—2015年江西省基于年际尺度的春季干旱站次比和干旱持续天数的变化趋势，江西省春季干旱站次比略有增加，变化趋势率为

0.17％，干旱范围有增大的趋势。从各子区域来看，赣北和赣中地区干旱站次比趋势率都略增，分别为 0.412％ 和 0.476％，干旱范围有增大的趋势，但赣南地区呈略减的趋势，变化趋势率为 -0.621％，干旱范围有减小的趋势。江西省春季干旱持续天数呈增加的趋势，变化趋势率为 0.67％，干旱强度加剧，从各子区域的变化趋势率来看，赣北和赣中地区干旱持续天数也有增加的趋势，干旱强度有加重的趋势，但赣南地区呈减小的趋势，干旱强度有减弱的趋势。

从夏季干旱站次比和干旱持续天数的变化趋势来看，江西省干旱站次比基本没有变化，近 59a 来，各地区各站点几乎都有干旱发生，干旱范围基本覆盖了所有站点，没有变化的趋势。江西省夏季干旱持续天数有明显减少的趋势，变化趋势率为 -1.78％，并通过 $p < 0.05$ 的显著性检验，干旱强度有加重的趋势。从各子区域来看，赣北地区干旱持续天数有显著增加的趋势，通过了 $p < 0.01$ 的显著性检验，赣中地区干旱持续天数有增加的趋势，通过 $F = 0.1$ 的显著性检验，干旱强度都有显著增加的趋势，但赣南地区干旱持续天数略有减少，干旱强度有降低的趋势。

从秋季干旱站次比和干旱持续天数的变化趋势来看，江西省干旱站次比基本没有变化，近 59a 来，各地区各站点几乎都有干旱发生，干旱范围基本覆盖了所有站点，变化趋势不明显。江西省秋季干旱持续天数呈增加的趋势，变化趋势率为 1.1％，干旱强度有加重的趋势。从各子区域变化趋势来看，赣北和赣中干旱持续天数有增加的趋势，变化趋势率分别为 0.66％ 和 1.068％，干旱强度呈加重趋势，但赣南地区干旱持续天数略减，变化趋势率为 -0.224％，干旱强度有减弱的趋势。

从冬季干旱站次比和干旱持续天数的变化趋势来看，江西省干旱站次比略增，变化趋势率为 0.11％，干旱范围有增加的趋势。从各子区域来看，赣北和赣中地区都有增加的趋势，变化趋势率分别为 0.2％ 和 1.23％，干旱范围也呈增大趋势，但赣南地区干旱站次比略有减小，变化趋势率为 -0.622％，干旱范围也呈略减的趋势。江西省干旱持续天数略减，变化趋势率为 -0.58％，干旱强度略有减弱。从各子区域来看，赣北地区干旱持续天数也呈减少的趋势，变化趋势率为 -0.839％，干旱强度呈减弱的趋势，但赣中和赣南地区干旱持续天数呈增加的趋势，变化趋势率分别为 0.104％ 和 0.782％，干旱强度呈加重的趋势。

结合历年来干旱站次比和干旱持续天数反映的干旱范围和干旱强度的变化，江西省与各子区域的变化趋势基本一致，即江西省春季干旱范围和干旱强度都有所增加，仅赣南地区干旱范围和干旱强度略有减少；夏季干旱强度显著减小；秋季干旱强度呈增大的趋势，仅赣南地区干旱强度略有减小；冬季干旱范围有增加的趋势，仅赣南地区有减小的趋势；冬季干旱强度有减小的趋势，赣北干旱强度有减小的趋势，但其他地区干旱强度呈增加的趋势。通过趋势分析得出，江西省春季和秋季干旱加重；夏季干旱减轻；冬季干旱范围有所扩大，干旱强度有所减轻；赣南地区四季的干旱都有减弱的趋势，仅冬季干旱范围有增加趋势。

2.3.2 季节特征

图 2.1 为江西省 13 个站点 59a 不同旱情等级的干旱频率和占总干旱百分比。江西省季节性干旱频率为 10.07 次/a，说明江西省季节性干旱频率高；不同旱情等级干旱频率差异大，从轻旱到特旱，随着旱情等级的增加，频率依次减小，其中轻旱频率为 6.88 次/a，占总干旱的 68.39%，中旱频率为 2.26 次/a，占总干旱的 22.47%，重旱频率为 0.83 次/a，占总干旱的 8.25%，特旱频率为 0.09 次/a，占总干旱的 0.89%。总体上，江西省季节性干旱频率高，轻旱、中旱年年发生，重旱约 1a 一次，特旱约 10a 一次。

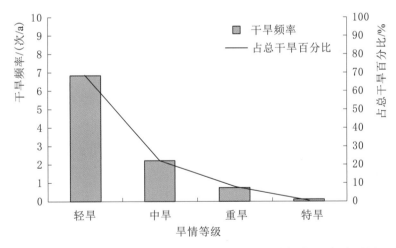

图 2.1　江西省 13 个站点 59a 不同旱情等级的干旱频率和占总干旱百分比

图 2.2 为江西省 13 个站点 61a 不同旱情等级干旱月尺度分配。在季节尺度上，江西省季节性干旱表现出明显规律，不同旱情级别干旱主要表现发生在夏季（6—8 月），频率分别为 1.73 次/月、1.84 次/月、1.80 次/月，从高到低依次为 7 月、8 月、6 月；秋季（9—11 月）干旱频率分别为 0.90 次/月、0.96 次/月、0.87 次/月，春季和冬季各月份干旱频率低，干旱频率都不大于 0.40 次/月。

在月尺度上，不同旱情等级干旱也表现出明显规律，轻旱频率从高到低依次为 6 月、8 月、7 月、9 月、11 月、10 月，其他月份轻旱频率低，干旱以轻旱为主；中旱及以上干旱频率从高到低依次为 7 月、8 月、10 月、6 月、9 月、11 月。重旱及特旱频率最高为 7 月，占全年的 56.00％，8 月第二，占全年的 26.15％，6 月第三，占全年的 7.94％，7—8 月重旱和特旱占全年的 82.15％，说明造成严重损害的干旱主要发生在 7—8 月。

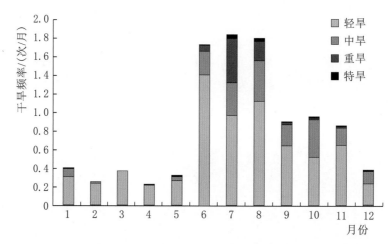

图 2.2　江西省 13 个站点 61a 不同旱情等级干旱月尺度分配

表 2.4 和图 2.3 分别为江西省 13 个站点 61a 不同旱情等级季尺度上的百分比和干旱频率。由图可看出不同旱情等级在不同季度上具有明显规律，且季节性干旱主要发生在夏季和秋季。夏季干旱频率最大，为 5.37 次/季，占全年的 53.38％；秋季干旱频率第二，为 2.72 次/季，占全年的 27.04％；冬季干旱频率第三，为 1.04 次/季，占全年的 10.34％；春季干旱频率最低，为 0.93 次/季，占全年的 9.24％。夏季和秋季占全年季节性干旱的 80.42％。

表 2.4　　江西省 13 个站点 61a 不同旱情等级季尺度上的百分比　　　　　　％

旱情等级	春季	夏季	秋季	冬季
轻旱	12.55	50.38	25.76	11.30
中旱	2.62	47.55	38.46	11.37
重旱	0.76	90.69	7.63	0.92
特旱	0.00	85.33	14.67	0.00

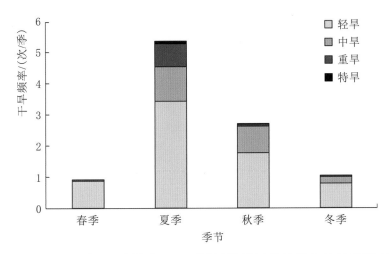

图 2.3　江西省 13 个站点 61a 不同旱情等级季尺度上的干旱频率

不同旱情等级干旱都表现为夏季最大，秋季其次。在轻旱和重旱方面，春季和冬季差别不大，在中旱方面，冬季高于春季；重旱和特旱主要集中在夏季，分别占全年的 90.69% 和 85.33%。

2.3.3　逐日特征

连续无有效降水日数是基于逐日尺度的干旱指标，与标准化降水指数（standardized precipitation index，SPI）、标准化降水蒸散指标（standardized precipitation evapotranspitation index，SPEI）指标相比较，SPI、SPEI 指标是在月、季尺度上对干旱情况进行评估的指标，连续无有效降水日数可从逐日尺度上评估干旱的持续状态和动态变化，较准确地记录干旱的发生时段。依据无有效降水日数计算干旱频率，统计历年来各个站点每日发生干旱过程年次数与统计资料年数之比。

图 2.4 为江西省各区域站点及区域平均逐日干旱频率动态变化。站点为赣北地区的修水、南昌和玉山，赣中地区的吉安、宜春和南城，赣南地区的赣县、遂川和寻乌。根据这些站点的逐日干旱频率，计算赣北、赣中、赣南三个子区域的多站平均逐日干旱频率。其中，逐日干旱频率在 10%、20%、35%、50%、67% 以上时段分别称为干旱较明显、明显、多发、高发、频发。

图 2.4（a）为江西省赣北地区站点逐日干旱频率变化。南昌站 3 月上旬春旱明显，5 月末干旱明显且急剧加重；到 6 月夏旱以高发为主，伴随多发；7—8 月夏旱频发，旱情达到顶峰；9—12 月秋旱和初冬旱高发，9 月下旬和 10 月秋旱频发，干旱严重；1 月和 2 月上旬冬旱明显，2 月中下旬冬旱较明显。修水站逐日干旱频率与南昌站变化基本类似，仅 7 月和 8 月夏旱频发，9

月上旬秋旱多发，较南昌站干旱情况稍弱。玉山站逐日干旱频率与南昌站也基本类似，仅 3 月上半月初春旱较明显，9 月秋旱高发，较南昌站干旱情况也稍弱。这表明赣北地区夏旱和秋旱高发、频发，夏旱、秋旱严重，尤以 7—11月伏秋旱最重，冬旱和初春旱明显。南昌站较其他站点旱情较重。

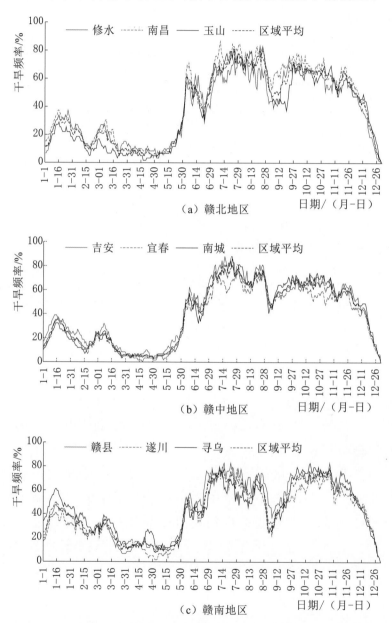

图 2.4　江西省各区域站点及区域平均逐日干旱频率动态变化

图 2.4（b）为江西省赣中地区站点逐日干旱频率变化。南城站 3 月前半月较明显，5 月末旱情急剧上升，6 月夏旱多发，7—8 月夏旱频发，到达顶

峰，干旱严重；9—11 月秋旱高发，其中 10 月频发，干旱较严重；12 月干旱持续减弱，1 月冬旱明显，2 月较明显。吉安站逐日干旱频率与南城站变化基本类似，整体干旱频率曲线较南城站略有抬升，干旱较南城站稍重。宜春站逐日干旱变化频率也与南城站变化基本类似，其总体干旱频率曲线较南城站略有下沉，干旱较南城站稍弱，仅 7 月干旱为高发，呈先下降后上升的趋势。这表明赣中地区初夏旱、伏秋旱严重，冬旱和初春旱明显。

图 2.4（c）为江西省赣南地区站点逐日干旱频率变化。赣县站 3 月上半月初春旱明显，下半月干旱较明显，5 月末干旱频率上升；6 月干旱多发，7 月干旱频发，8 月干旱高发，8 月末逐日干旱频率急剧下降，9 月干旱频率急剧上升；10 月干旱频发，11 月干旱高发；12 月干旱频率下降，1 月干旱多发，2 月干旱明显。遂川站逐日干旱频率与赣县站变化基本类似，较赣县站干旱频率曲线略有下沉，干旱较赣县站稍弱。寻乌站干旱频率与赣县站变化也基本类似，仅冬旱较重，达到高发。这表明赣南地区夏旱和秋旱频发，干旱严重；春旱明显；冬旱多发，较赣北、赣中地区稍严重。

综上可以看出，7—11 月是干旱发生的高峰时期，研究这一时段的土壤水分特征对防治季节性干旱具有重要意义。

2.4 季节性干旱成因

2.4.1 气象要素

干旱成因复杂，气象是干旱形成的重要因素。图 2.5 反映了江西省主要气象要素的年际变化，包括降雨量、风速、平均温度、最低温度、相对湿度和日照时数。以多年平均降雨量的 75％和 125％分别作为丰水年和枯水年的阈值，丰水年有 1976 年、1998 年、2010 年、2012 年和 2015 年，枯水年有 1963 年、1972 年和 1979 年。20 世纪 90 年代后期，丰水年在增多。降雨量和平均温度分别以 34.2mm/10a 和 0.2℃/10a 增加，相对湿度和日照时数分别以 -0.04％/10a 和 -62h/10a 下降，其中年日照时数下降显著（$p<0.05$）。

气象因素导致的江西省气象灾害尤为明显，图 2.5 反映了主要气象要素的年际变化情况，以《中国气象灾害年鉴》中描述的实际气象灾害情况为参考，选取近期年鉴数据比较翔实的五年为例（2007 年、2010 年、2011 年、2013 年、2015 年），将江西省主要气象要素年际变化与实际气象灾害作对比分析，对气象要素年际变化的准确进行验证。2010 年，江西省降雨偏多，气温偏高，日照时数略偏少，全省平均降雨量为 2150.1mm，3 月赣东北出现罕

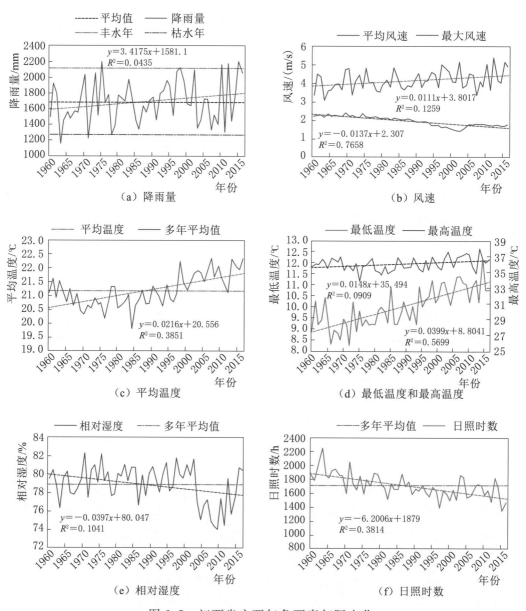

图 2.5　江西省主要气象要素年际变化

见旱汛；部分地区出现了严重的洪涝灾害；伏秋季台风影响弱，高温过程频繁；12 月的暴雨、降雪范围均达历史同期之最，2010 年，暴雨洪涝、大雪、雷电等气象灾害导致全省受灾严重。这与图中降雨量在 2100mm 左右、多年平均温度高达 22℃、日照时数在平均值以下等情况吻合。2007 年，江西省平均年降雨量为 1312mm，较常年偏少 22％，冬季（2006 年 12 月至 2007 年 2 月）全省气温显著偏高，暖冬现象明显；7—8 月全省出现了明显的伏旱；

秋季持续干旱少雨，出现了严重的秋季和初冬连旱。这与图中降雨量接近枯水年降雨量、多年平均温度高达22.5℃等情况符合。2011年，江西省平均年降雨量为1305mm，年平均气温为1997年以来连续第15个气温偏高年，平均日照时数为1633.4h，1—5月各地降雨异常偏少，较常年同期偏少5成，为近60年历史同期最少。这与图中2011年降雨量接近枯水年线和日照时数等数据符合。2013年，江西省年降雨量为1459mm，平均温度居历史第二高，夏秋（7月至11月上旬），江西省气温异常偏高，降雨异常偏少，全省出现明显的伏旱和秋旱。这与图中2013年降雨量仅为1400mm左右、多年平均温度高达22.5℃吻合。2015年，江西省全年平均降雨量为2106.4mm，暴雨洪涝灾害最为严重，汛期主要集中在5—6月和秋冬季。这与2015年降雨量突破丰水年降雨量高达2200mm符合。因此，经过对比分析，明确了江西省主要气象要素年际变化。

整理计算江西省1960—2015年降雨量数据，从图2.6中可以看出江西省年内降雨量分布呈先上升后下降的趋势，冬季（12月至次年2月）降雨量最少，然后开始呈上升趋势，春季（3—5月）降雨量逐渐上升，到夏季（6—8月）降雨量达到峰值，6月降雨量最大，为279.03mm，然

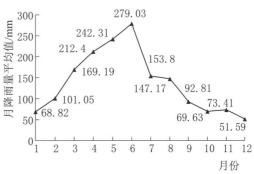

图2.6 江西省年内降雨量分布

后逐渐下降，6—7月降雨量急剧下降，7月降雨量只有153.8mm，而后秋季（9—11月）降雨量缓慢下降。由图可看出江西省年内降雨量主要集中在春末夏初，5—6月降雨量较多。

2.4.2 成因分析

气象是干旱的重要驱动因素，表2.5显示了江西省全年和四季SPEI值与不同气象要素的相关性分析，降雨量、平均湿度、最低温度、最高温度和SPEI呈现极显著正相关（$p<0.01$），而无雨日数与最大风速与SPEI呈现极显著负相关（$p<0.01$）。降雨量增加则SPEI值增加，即旱情减轻，但增加到一定程度会导致涝情；反之，降雨量降低则SPEI值降低，涝情减轻。相对湿度增加会导致潜在蒸散的降低，进而导致SPEI值增加，旱情降低（涝情增加）。日照时数增加会导致潜在蒸散的增加，进而导致SPEI值降低，旱情增加（涝情降低）。最大风速则加速蒸散发。

表 2.5　　　江西省全年和四季 SPEI 值与不同气象要素的相关性分析

项　　　目	全年	春季	夏季	秋季	冬季
降雨量 P	0.87^{**}	0.99^{**}	0.99^{**}	0.98^{**}	0.98^{**}
平均温度 T	-0.13	-0.39^{*}	-0.64^{**}	-0.30	-0.10
平均气压 Pa	0.04	0.09	0.15	-0.01	0.24
平均风速 A_{win}	-0.04	0.10	-0.39^{*}	-0.04	0.00
平均水汽压 Pre	-0.06	0.12	0.21	0.35	0.37
相对湿度 Hum	0.66^{**}	0.62^{**}	0.76^{**}	0.74^{**}	0.76^{**}
最低温度 T_{min}	0.59^{**}	0.82^{**}	0.83^{**}	0.87^{**}	0.83^{**}
最高温度 T_{max}	0.84^{**}	-0.70^{**}	-0.74^{**}	-0.71^{**}	-0.74^{**}
无雨日数 Dr	-0.59^{**}	-0.36	-0.55^{**}	-0.41^{*}	-0.13
日照时数 Sh	0.32	0.81^{**}	0.87^{**}	0.91^{**}	0.84^{**}
最大风速 Ms	-0.65^{**}	-0.70^{**}	-0.74^{**}	-0.71^{**}	-0.74^{**}

注：$*$ 表示 $p<0.05$，$**$ 表示 $p<0.01$。

当某一气象因子多元回归未达到显著水平时（$p<0.05$），认为其不是 SPEI 驱动主要影响因子。表 2.6 显示了江西省主要气象要素对 SPEI 的贡献率。可以看出，降雨量对 SPEI 的贡献在全年和四季都最大，全年为 57%，春季为 62%，夏季为 60%，秋季为 64%，冬季为 58%，表明降雨是旱灾或水灾发生最关键的驱动因子。温度、相对湿度和最大风速也是重要的驱动因素。

表 2.6　　　　　江西省主要气象因素对 SPEI 的贡献率　　　　　%

项　　　目	全年	春季	夏季	秋季	冬季
降雨量 P	57	62	60	64	58
相对湿度 Hum	14	16	12	15	16
最低温度 T_{min}	6	7	8	4	12
最高温度 T_{max}	7	3	3	6	3
无雨日数 Dr	6	3	7	6	2
日照时数 Sh	2	3	4	2	2
最大风速 Ms	8	6	6	3	7

第3章　红壤坡地土壤水分多维监测技术

3.1　监测技术（设备）组成及参数

3.1.1　技术（设备）组成

红壤坡地土壤水分多维监测系统主要由数据采集单元、时域反射计、同轴多路器、同轴电缆、SDM 电缆、土壤水分探头、供电和辅助部件等部分组成，观测快速、准确，可连续动态监测，可以实现土壤水分多维连续动态监测，为土壤水分预测预报、水土流失及其灾害治理提供科学依据。

土壤水分多维监测系统由 TDR100 时域反射仪主机、CR1000 数据采集器、CS630 土壤水分探针、SDMX50 和 SDMX50SP 多路连接器、PCTDR 软件、LoggerNet 软件以及对应的供电、通信等模块组成。

技术特点为：使用简便，低功耗；可长期、实时监测；土壤水分、电导率或反射波形的采集频度可达 2s 每次；可同时测量 1024 个 TDR 探针。该系统可以实现长期、实时、无人值守、远程操控，实现快速、精准、连续监测多维土壤水分、电导率的实时动态变化。

3.1.2　技术（设备）参数

1. 数据采集单元

（1）技术指标先进性。具有数据采集、频度设置、数据储存等功能，扫描速率能够达到 100Hz。

CR1000 数据采集器具有数据采集、频度设置、数据压缩、数据和程序储存以及控制等功能，由测量控制模块和配线盘组成，具有网络通信能力。

（2）性能指标。最大扫描速率：100Hz；模拟输入：16 个单端通道（8 个差分）；脉冲通道：2 个；工作温度：−25～50℃（标准）；内存：标准为4MB 内存，可扩展至 16GB；供电电压：9～16V DC；A/D 转换：13 - bit；

微型控制器：16 - bit H8S Hitachi，32 - bit 内部 CPU。

2. 时域反射计

（1）技术指标先进性。可在 2s 内快速完成 250 个点的数据采集，温度范围：－40～55℃。

时域反射计是数据采集系统的核心，通过在同轴线缆系统中发射高频电磁脉冲来进行土壤水分的测量（TDR 探头包含在同轴线缆系统中），随后对采集和数字化反射回来的波形进行分析和存储，最后由内置处理器根据传播的时间和返回脉冲信号的振幅信息快速获得土壤体积含水量、土壤容积电导率、岩体变形等数据。

（2）性能指标。采样：在给定时间内生成 20～2048 个波形；波形均值：1～128；工作温度：－40～55℃。

3. 同轴多路器

（1）技术指标先进性。可提供可靠的、可编程的通道选择。

（2）性能指标。多路连接器为 8 通道扩展板，用于连接土壤水分探针，供电：12V DC；能耗：静止状态，＜1mA；工作状态，90mA。

4. 土壤水分探头

（1）技术指标先进性。利用反射测量法测土壤的体积含水量。

（2）性能指标。土壤水分探头由金属探针和托体组成，可在野外使用。土壤水分探头通过测定探针电阻来推算土壤体积含水量，探针电阻受当前含水量的影响。多个类型的传感器的主要区别在于适用土壤类型以及电缆长度，主要参数见表 3.1。

表 3.1　　　　　　　　　　　土 壤 水 分 探 针 参 数

指标	探 针 尺 寸	水分测量精度	适用土壤电导率要求	线缆类型	最大线缆长度
参数	探针长：15.0cm 探针直径：0.318cm 探头尺寸：5.75cm×4.0cm×1.25cm	±2.5%（干土） ±0.6%（饱和土）	≤3.5dS/m （高电导率土壤）	RG58	15m

5. 采集分析软件

（1）技术指标先进性。可在 Windows 环境下运行，具有参数设置、数据下载、收发程序、实时监控、数据查询、图表显示、数据转化等功能。

（2）性能指标。可配置参数，连接访问数据采集器，发送采集程序，下载数据，查看实时数据、数据分析等。

3.2 系统平台集成

3.2.1 系统设计原则

（1）规范化原则。在系统设计和实施过程中，数据分类、编码、层次体系结构规范、统一。

（2）先进性原则。系统具有二次开发性能。

（3）实用性原则。系统实时接收土壤水分相关数据，在系统中可以图表形式展示，直观反映降雨和产流的实时情况。

（4）可扩展性原则。系统为增添监测站点提供接口，可在原有基础上开发接口，添加站点，也可添加新的计算项并进行对比。

（5）安全保密原则。系统通过设置登录账号进行登录，防止陌生访客对系统进行盲目设置。

（6）易操作及便于维护原则。软硬件平台和数据库系统具有开放性，用户界面友好，易于用户操作和使用。

3.2.2 土壤水分观测系统集成

1. 系统结构设计方案

TDR100 时域反射系统支持 3 级扩展板结构，上一级的扩展板可通过同轴线缆级联下一级扩展板，增加系统接入传感器的数量，最多支持接入 512 个土壤水分传感器。

每个廊道由于传感器数量较多，整体采用 3 级扩展板结构设计。考虑到结构简单、方便布线，避免线缆频繁跨墙，左右两侧墙壁各设置一个二级扩展板。每个剖面设置一个三级扩展板，各剖面传感器通过同轴线缆接入该扩展板。1 级扩展板和 TDR100 时域反射仪主机及 CR1000 数据采集器设置在其中一侧墙壁，所有扩展板通过同轴线缆级联。廊道剖面命名规则如图 3.1 所示，廊道土壤水分观测系统结构设计如图 3.2 所示。

2. 土壤水分观测系统集成

该土壤水分观测系统采用二级集成模式，廊道内第一级采集，中央控制室

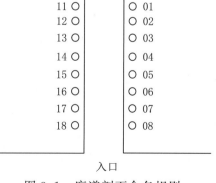

图 3.1 廊道剖面命名规则

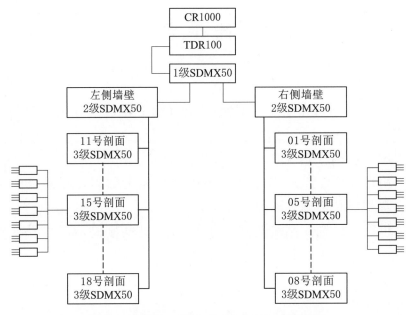

图 3.2　廊道土壤水分观测系统结构设计

第二级同步采集。每个廊道内布置一台采集器，按设定 20min（采集频率可调）采集一次，逐一发送电磁波给每一支传感器，通过测量土壤介电常数，结合固定算法，计算出土壤体积含水率，CR1000 数据采集器同步采集一次，数据存储到 CR1000 数据采集器中的 CF 卡中。可直接使用 CR1000 数据采集器的 RS‐232 数据接口连接计算机近距离读取数据。由于每个廊道距离中控室超出 RS‐232 接口采集距离（一般 30m 内），为实现中控室远距离集中采集，利用 CR1000 数据采集器自带的 RS‐232 外部通信口（C7 端口），增加 RS‐232 转 RS‐485 模块。在 CR1000 数据采集程序中创建 Moubus 类型的表格，把 CR1000 数据采集器采集的数据同时存入 Moubus 表格中，中控室每个廊道布置一台工控机，工控机上安装坡耕地试验小区测坑土壤数据自动监测采集系统 V5.1，该系统内置标准的 Moubus RTU 通信协议，采用 RS‐485 通信方式，同时通信线缆使用 RVVP 双屏蔽线缆（可防止信号干扰及传输衰减），实现采集系统与 CR1000 数据采集器的远程通信，读取 CR1000 数据采集器内存储的数据。坡耕地试验小区测坑土壤数据自动监测采集系统 V5.1 在 CR1000 数据采集器更新数据后将数据实时采集并存储到研华工控机上安装的 Office Access 数据库中。Office Access 数据库具有优异的操作性，用户可轻松上手查看数据库内存储的数据。为方便用户分析数据，坡耕地试验小区测坑土壤数据自动监测采集系统 V5.1 中具有生产 Excel 文件的功能，同时具备数据区间查询功能，可分时段调出选择的数据库内每一段时刻的数据，并存储成 Excel 文件。系统可根据采集的水分数据，按时间在表格上描点画出水分随时间变化的曲线及同一剖面不同深度的曲线。

3.3　监测技术关键参数率定

3.3.1　材料与方法

使用的 TDR（时域反射）传感器，由三根探针和一个托体组成，探针长 15.0cm，探针直径为 0.318cm，探头尺寸为 5.75cm×4.0cm×1.25cm，通过在同轴线缆系统中发射高频电磁脉冲来进行土壤水分测量（TDR 探头包含在同轴线缆系统中），随后对采集和数字化反射回来的波形进行分析和存储，最后由内置处理器根据传播的时间和返回脉冲信号的振幅信息快速而精确地获得土壤体积含水量。

土壤水分对土壤介电特性的影响很大。TDR（时域反射仪）基于土壤介电常数和土壤体积含水量（θ_V）之间的经验关系的思想，根据电磁波在介质中的传播频率计算出土壤的介电常数 K_a，利用经验公式得到土壤体积含水量（θ_V）。在电磁波频率为 1M～1GHz 时，K_a 与电磁波在电极（长度 L）中往复的传播速度（V）的关系为

$$K_a = (c/V)^2 = \left[ct/(2L) \right]^2 \tag{3.1}$$

式中：c 为光速，$c = 3 \times 10^8 \mathrm{m/s}$；$t$ 为电磁波的传达时间，s。

电磁波在各点的反射很明显，可以准确测出 t，从而可用式（3.1）计算出 K_a。

Topp et al.（1982）用 TDR 测定了电磁波的传播时间，并得出该传播时间与土壤体积含水量（θ_V）之间关系的经验公式为

$$\theta_V = -5.3 \times 10^{-2} + 2.92 \times 10^{-2} K_a - 5.5 \times 10^{-4} K_a^2 + 4.3 \times 10^{-6} K_a^3, \theta_V \leqslant 0.6$$
$$\tag{3.2}$$

按 0～30cm、30～60cm、60～150cm、150～280cm 四个不同土层采取原状土，除去石砾、杂草、根系等杂质，并将土壤风干，过筛（孔径 2mm）。混合土样机械组成为砂粒（粒径 0.02～2mm）含量为 30.2%，粉粒（粒径 0.002～0.02mm）含量为 40.9%，黏粒（粒径＜0.002mm）含量为 28.9%，根据国际土壤质地分类标准，测试土样为黏土。同时测定不同土层土壤容重，

测定结果见表 3.2。

表 3.2　　　　　　　　　　不同土层容重测定结果

土层深度/cm	0～30	30～60	60～150	150～280
土壤容重/(g/cm³)	1.327	1.472	1.526	1.639

试验前先称取一定质量的风干土壤，采用酒精干烧法测定 0～30cm 土层风干土壤的初始含水量，再根据初始含水量配置不同百分比含量的湿土。

用铝盒取一定量的 0～30cm 土层中一个百分比含量的湿土，称出湿土重量，倒入酒精并没过试样，点燃酒精燃烧，直到火焰熄灭，待试样冷却后再重复燃烧一次，待火焰熄灭后称取铝盒干土重，并计算此时土壤体积含水量，重复 3 次。

标定容器直径为 28cm，高 15cm，厚度为 1cm，底部有多孔，装置图如图 3.3 所示。根据 0～30cm 土层的容重、干烧法计算的土壤体积含水量、待回填的土层厚度计算需回填的配置好的湿土质量，即将风干过筛后配置的湿土分层（每层 2cm）均匀地夯实至标定容器中，直至 14cm 处，并在标定容器 7.5cm 左右处埋设 CS630-L40 土壤水分传感器，用 TDR100 时域反射仪测量土壤介电常数，利用 TOPP 公式计算出土壤体积含水量，每个百分比含量的湿土进行 3 次重复试验，同时采用烘干法测定湿土土壤体积含水量，土壤水分率定现场如图 3.4 所示。

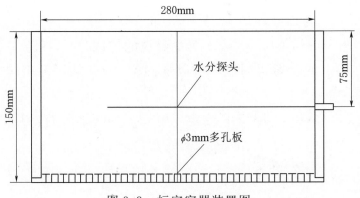

图 3.3　标定容器装置图

30～60cm、60～150cm、150～280cm 三个土层标定重复上述步骤。该试验所用标定容器底部有多孔，土壤水分因重力作用形成一个脱湿过程，且填埋的土层深度为 14cm，较薄，可认为充分搅拌后的土壤体积含水量是一致的，不存在土壤水分空间变异。

图 3.4　土壤水分率定现场

3.3.2　不同土层深度条件下 TDR 法测量土壤水分精度

试验得出图 3.5（图中虚线为 1∶1 线，实线为实测点散点图）所示结果，干烧法测量值较为接近烘干法测量值，而 TDR 法测量值相对烘干法测量值总体偏小，与高国治等（1998）用 TDR 法测量红壤含水量的精度研究结果一致，这可能与红壤中氧化铁含量高、质地黏重等因素相关。在不同土层深度方面，随着土层深度的增大，干烧法和 TDR 法测定的土壤体积含水量呈增大趋势，偏差逐渐减小（表 3.3），0～30cm 深度土壤均表现为绝对偏差和相对偏差较大，干烧法绝对偏差为 0.0124cm³/cm³，相对偏差为 5.24%，而 TDR 法绝对偏差和相对偏差分别为 0.0345cm³/cm³ 和 13.40%；30～60cm 土层较 0～30cm 土层，干烧法和 TDR 法偏差较小，干烧法相对偏差为 3.82%，TDR 法相对偏差为 11.48%；60～280cm 土层，干烧法和 TDR 法测量值与烘干法测量值变化趋势较为一致，但相比烘干法测量值偏小，上述规律可能是由于表层土壤温度变化影响电磁波在红壤中传播，造成 TDR 法测量数据偏差较大。

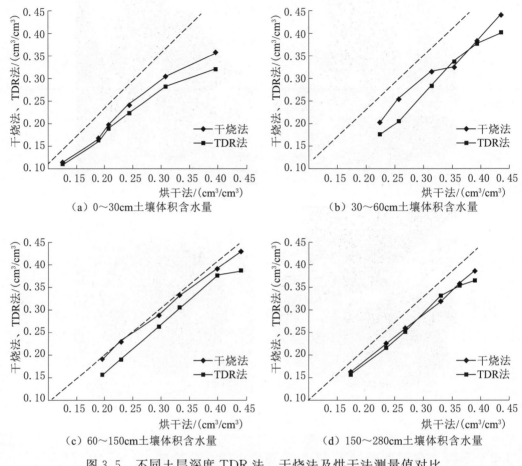

图 3.5　不同土层深度 TDR 法、干烧法及烘干法测量值对比

表 3.3　　　　　　　　　　不同土层深度偏差分析

土层深度 /cm	干烧法绝对偏差 /(cm³/cm³)	干烧法相对偏差 /%	TDR 法绝对偏差 /(cm³/cm³)	TDR 法相对偏差 /%
0～30	0.0124	5.24	0.0345	13.40
30～60	0.0116	3.82	0.0331	11.48
60～150	0.054	1.68	0.0355	12.32
150～280	0.091	3.58	0.0153	5.66

3.3.3　不同土壤体积含水量条件下 TDR 法土壤水分精度

将试验土壤质量含水量按 10%～20%、20%～30%、30%～40% 及 40% 以上划分为四个梯度，对不同土壤体积含水量进行偏差分析（表 3.4）。通过

分析可知，干烧法绝对偏差和相对偏差较小，能较好地反映土壤体积含水量的真实数值，结果表明随着土壤体积含水量的增加，偏差出现递减规律；TDR法用于 $0.1 \sim 0.3 cm^3/cm^3$ 土壤体积含水量时相对偏差较大，且 $0.1 \sim 0.2 cm^3/cm^3$ 时相对偏差平均值达到 13.43%，误差超过 10%，这可能因为土壤特别干燥时，土壤间孔隙度较大，影响土壤介电常数，从而导致TDR法测量精度降低，研究结果与孙立等（2014）对TDR法精度研究的结果一致。为此，尽管TDR法与烘干法相关性较为显著，但对于红壤黏土，在采用TDR法测定土壤水分时有必要进行标定，以进一步提高其测量精度。

表 3.4　　　　　　　　　　不同土壤体积含水量偏差分析

土壤质量含水量/%	样本数/个	干烧法绝对偏差/(cm^3/cm^3)	干烧法相对偏差/%	TDR法绝对偏差/(cm^3/cm^3)	TDR法相对偏差/%
$10 \sim 20$	20	0.0115	6.69	0.0233	13.43
$20 \sim 30$	32	0.0077	3.12	0.0319	12.70
$30 \sim 40$	40	0.0109	2.93	0.0271	7.32
>40	8	0.0075	1.71	0.0335	7.69

3.3.4　TDR法土壤水分监测设备精度

对比干烧法、TDR法与烘干法测量值之间的相关性研究发现，干烧法、TDR法与烘干法之间均有较高的相关性（图3.6），可以用线性函数表示为：干烧法，$y = x - 1.02$，$R^2 = 0.987$；TDR法，$y = 0.9715x - 1.9763$，$R^2 = 0.964$；相

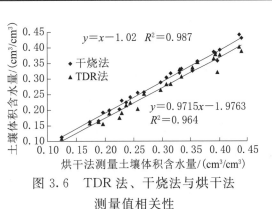

图 3.6　TDR法、干烧法与烘干法测量值相关性

关系数均达到 0.96 以上。为此，采用TDR测定方法较为精确，获得的数据能较好地反映土壤水分的真实变化过程。

通过以第四纪红色黏土发育的红壤为研究对象，采用TDR法、干烧法及烘干法对不同土层深度的不同梯度的土壤体积含水量进行水分测定，可得到以下结论：

（1）TDR法测量值相对烘干法测量值偏小，TDR法和干烧法绝对偏差和相对偏差都有随着土层深度的增加而减小的趋势，干烧法绝对偏差范围为

$0.0054\sim0.0125cm^3/cm^3$，相对偏差范围为 $1.68\%\sim5.24\%$，TDR 法绝对偏差范围为 $0.0153\sim0.0355cm^3/cm^3$，相对偏差范围为 $5.66\%\sim13.40\%$。

（2）TDR 法和干烧法绝对偏差和相对偏差随着土壤体积含水量的增大而减小，干烧法偏差较小，而 TDR 法在土壤半湿润状态（土壤质量含水量 $10\%\sim30\%$）下土壤体积含水量偏差较大，不能真实地反映土壤体积含水量实际测量值，需对 TOPP 公式进行标定修正。

（3）干烧法测量值最为接近烘干法测量值，精度高，但是需要人工采样测试，易破坏土壤结构，不能自动连续监测。

（4）TDR 法简便、灵敏度高、准确性好，与真实值之间的相关性达到 96.4%，能较好地反映土壤水分真实变化规律。因此，样点少时，干烧法准确性高，可作为土壤体积含水量快速测定方法；样点多时，TDR 法可自动、连续地监测土壤体积含水量，是一种值得推广的土壤水分测定方法，但使用前有必要进行标定以提高其准确性。

3.4　监测技术关键参数修正

3.4.1　材料与方法

土壤体积含水量修正方程标定试验需要的仪器包括有机玻璃圆柱体容器、电子秤、电子天平、2mm 孔细筛、CS630 土壤水分传感器、TDR100 时域反射仪主机、CR1000 数据采集器、SMD8X50 多路器、铝盒、烘箱等，试验示意图如图 3.7 所示。

考虑试验脱湿过程，试样从上至下含水率并非均匀分布，其分布情况与试样厚度、蒸发强度、传导度以及试验条件等有关。为防止试验蒸发过程中产生土壤水分梯度，试验采用有机玻璃圆柱体容器进行，其内径为 38cm，内高为 5cm，壁厚为 0.3cm，容积为 $5667.7cm^3$。在取样装置高度的中点 2.5cm 处，安装一个旋钮式 TDR 水分测量电极的埋设孔。取样装置的底部设计多孔底盖，容器底部与侧面密封防漏。电子秤称重量为 50kg，精度为 0.01kg；数字天平称重量为 1kg，精度为 0.01g。

TDR 时域反射仪工作原理：TDR 时域反射仪是一种测量电磁脉冲从发射源出发到遇到障碍物产生反射后返回发射源所需时间的仪器，人们可以利用电磁波在土壤中的传播特性来测定土壤体积含水量，电磁波在介质中传播速度的计算公式为

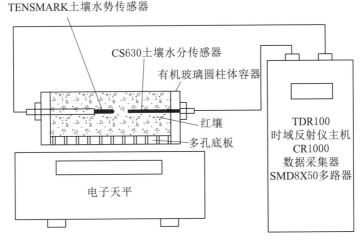

图 3.7　土壤水分标定试验示意图

$$V = C/\sqrt{\varepsilon\mu} \tag{3.3}$$

式中：C 为电磁波在真空中的传播速度，即 300000km/s；ε 为介电常数；μ 为磁性常数。V 的测定可根据电磁波在一已知距离内传播所需的时间确定，即 $V = D/t$，式中 D 为已知的电磁波的传导距离，t 为传播所需的时间。由于土壤属非磁性介质，故 $\mu = 1$，而介电常数 ε 是土壤体积含水量的函数，通过测定介电常数 ε 可求出土壤的含水量。

TDR 时域反射仪计数与恒温箱烘干法测定的土壤体积含水量进行修正，为了绘制精确的能够应用于不同土壤层次、土壤容重和土壤体积含水量变化等条件的修正方程，通过对已取得的土壤条件下修正后的方程进行验证，确定不同层次土壤的 TOPP 公式的修正方程。

试验前将分层土样自然风干，捣碎，过 2.0mm 筛；风干后的土样中加入适量水充分搅匀，密封放置 24h，使土样与水分均匀混合。使用酒精燃烧法测得混合后土样的质量含水率，根据土样的质量含水量和要求的容重计算出待回填土样的质量，将土样以接近实地土壤的容重均匀地装填于预制的有机玻璃圆柱体容器中，同时在容器的中部水平放置 CS630 土壤水分传感器。为确保填土时接近真实的土壤容重，在回填土之前应根据容重和容器体积计算好所需的土样重量，逐层装填，每加一定的土样需要人工压实，直到将计算好的土样全部均匀装填到测量容器中，并与容器顶部保持相平。在填土过程中每 1.5~2cm 作为一层，每层回填后做刮毛处理，以防层间形成光滑断面，装填试样过程中，按预留孔位装设 TDR 时域反射仪，TDR 探针的中心位置位于 2.5cm 土层深度；将填筑好的土柱样放入盛水大容器中，水不可没土柱容器顶，自下而上逐渐饱和 3d 后，迅速取出静置 24h 后称其整体重量，同时把 CS630 土壤水分传感器接入到 TDR100 时域反射仪主机和 CR1000 数据采集器上，编辑程序让采集器每天定时采集水分传感器输出的介电常数值和土壤水势数值，设定 TDR 时域反射仪取数参数，使其处于正常的工作状态后即可开始试验，土柱自然蒸发，测定 TDR 时域反射仪含水率，同时每天上午 10 点、下午 4 点人工记录电子秤的读数土柱重量，当土柱重量稳定时，完成脱湿试验；完成脱湿试验后，取土壤样品烘干称重，同时测量装置和仪器的重量，计算土壤含水率。根据原状土壤分层情况，各分层土壤均进行如上试验，每次试验 2 次重复。土壤水分标定试验过程如图 3.8 所示。

3.4.2　土壤水分 TOPP 方程修正

3.4.2.1　容重 1.327g/cm³ 红壤 TOPP 方程修正

1. 方程修正过程

以烘干法测得的土壤水分为基准，作为 TDR 法测量土壤体积含水量的校正标准，因此，该试验在标定中用称重法测定的土壤体积含水量 θ_V 作为标准值，跟与之同步的 TDR 法测定的土壤体积含水量 θ_{TDR} 进行对比分析。

处理 A、处理 B 以称重法测定的土壤体积含水量 θ_V 和 TDR 法测定的土壤体积含水量 θ_{TDR} 数据分析见表 3.5，处理 A 以称重法测定的土壤体积含水量 θ_V 与以 TDR 法测定的土壤体积含水量 θ_{TDR} 之间的绝对偏差范围为 $0.0003 \sim 0.0439 cm^3/cm^3$，绝对偏差绝对值的平均值为 $0.0239 cm^3/cm^3$；相对偏差范围为 $0.31\% \sim 22.65\%$，相对偏差平均值为 13.30%。处理 B 以称重法测定的土壤体积含水量 θ_V 和以 TDR 法测定的土壤体积含水量 θ_{TDR} 之间的绝对偏差范围为 $0.0055 \sim 0.0544 cm^3/cm^3$，绝对偏差绝对值的平均值为 $0.0349 cm^3/cm^3$，相对偏差范围为 $8.37\% \sim 28.86\%$，相对偏差平均值为 20.00%。通过上述分析可知，TDR 法测定土壤体积含水量平均误差在 $0.02 cm^3/cm^3$ 以上，同时最大偏差在 $0.04 cm^3/cm^3$ 以上，说明 TDR 法测定的红壤体积含水量的误差较大，使用前的标定非常必要。

表 3.5　　　　　　称重法与 TDR 法测定的土壤体积含水量对比

处理	绝对偏差/（cm³/cm³）			相对偏差/%		
	最小值	最大值	平均值	最小值	最大值	平均值
A	0.0003	0.0439	0.0239	0.31	22.65	13.30
B	0.0055	0.0544	0.0349	8.37	28.86	20.00

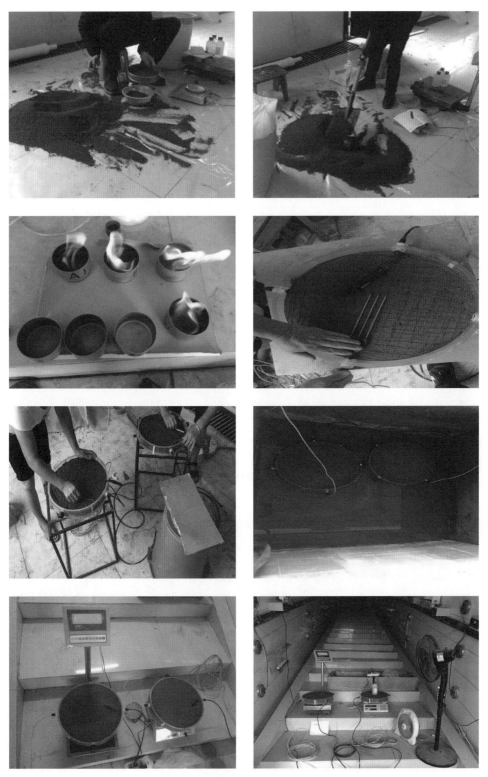

图 3.8　土壤水分标定试验过程

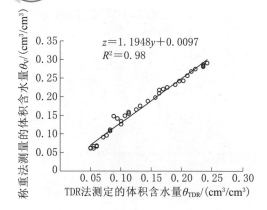

图 3.9　TDR 法测定的体积土壤
体积含水量的标定方程

利用处理 B 以称重法测定的土壤体积含水量 θ_V 和以 TDR 法测定的土壤体积含水量 θ_{TDR} 数据建立修正方程（图 3.9），可见 θ_V 与 θ_{TDR} 的变化趋势一致，两者之间有着较高的相关性，可用线性函数进行校正，公式为

$$z = 1.1948y + 0.0097 \quad (R^2 = 0.98) \tag{3.4}$$

式中：z 为称重法测定的土壤体积含水量 θ_V；y 为 TDR 法测定的土壤体积含水量 θ_{TDR}。

TDR 时域反射仪内部计算土壤体积含水量的 TOPP 方程为

$$y = 0.0000043x^3 - 0.0055x^2 + 0.0292x - 0.053 \tag{3.5}$$

式中：x 为 TDR 时域反射仪测定的土壤介电常数。

根据 TDR 时域反射仪内部计算土壤体积含水量的 TOPP 方程、土壤体积含水量 θ_V 和 TDR 法测定的土壤体积含水量 θ_{TDR} 的相关方程可知，土壤容重为 1.327g/cm³ 的红壤区坡耕地土壤体积含水量的 TOPP 方程的修正方程为

$$z = 0.0000051x^3 - 0.0065714x^2 + 0.0348882x - 0.0536244 \tag{3.6}$$

2. 修正方程验证

根据土壤体积含水量的 TOPP 方程的修正方程代入处理 A 的测定数据进行验证，结果表明修正后的方程计算精度明显提高，前后对比见表 3.6。从处理 A 整体数据分析，方程修正前的绝对偏差最小值、最大值、平均值分别为 0.0003cm³/cm³、0.0439cm³/cm³、0.0239cm³/cm³，相对偏差最小值、最大值、平均值分别为 0.31%、22.65%、13.30%，方程修正后绝对偏差最小值、最大值、平均值分别 0.0012cm³/cm³、0.0185cm³/cm³、0.0074cm³/cm³，相对偏差最小值、最大值、平均值分别为 0.42%、34.31%、7.14%。方程修正后，测定的土壤体积含水量误差的平均值和最大值都在 0.02cm³/cm³ 以内，测量精度分别提高了 70% 以上。对测定的土壤体积含水量以 0.05cm³/cm³ 为一个梯度进行划分分析，划分成 0.0500～0.0999cm³/cm³、0.1000～0.1499cm³/cm³、0.1500～0.1999cm³/cm³、0.2000～0.2499cm³/cm³、0.2500～0.2999cm³/cm³ 五个梯度，修正前的 TOPP 方程计算的土壤体积含水量误差有高含水量时，误差在 0.04cm³/cm³ 以上，即说明在土壤体积含水量比较高时原来 TOPP 方程计算的误差较大，修正后的 TOPP 方程计算的土壤体积含水量误差都在 0.02cm³/cm³ 以内，尤其是减小了高土壤体

表3.6 处理A以称重法与TDR法测定土壤体积水量方程修正前后对比

土壤体积含水量/(cm³/cm³)	TOPP方程修正前						TOPP方程修正后					
	绝对偏差/(cm³/cm³)			相对偏差/%			绝对偏差/(cm³/cm³)			相对偏差/%		
	最小值	最大值	平均值	最小值	最大值	平均值	最小值	最大值	平均值	最小值	最大值	平均值
0.0500~0.2999	0.0003	0.0439	0.0239	0.31	22.65	13.30	0.0012	0.0185	0.0074	0.42	34.31	7.14
0.2500~0.2999	0.0312	0.0439	0.0383	10.63	17.34	14.03	0.0012	0.0133	0.0066	0.42	4.53	2.39
0.2000~0.2499	0.0303	0.0347	0.0330	13.37	16.33	14.98	0.0013	0.0067	0.0035	0.59	3.16	1.62
0.1500~0.1999	0.0257	0.0348	0.0296	14.58	21.74	17.73	0.0030	0.0170	0.0093	1.68	10.62	5.66
0.1000~0.1499	0.0103	0.0290	0.0182	9.78	19.56	14.32	0.0016	0.0124	0.0049	1.52	8.35	3.65
0.0500~0.0999	0.0003	0.0122	0.0046	0.31	22.65	8.03	0.0046	0.0185	0.0110	7.59	34.31	17.97

积含水量条件下 TOPP 方程的计算误差，说明 TOPP 方程在红壤地区表层土壤的修正方面具有实用意义。

3.4.2.2　容重 1.472g/cm³ 红壤 TOPP 方程修正

1．方程修正过程

处理 A、处理 B 以称重法测定的土壤体积含水量 θ_V 和以 TDR 法测定的土壤体积含水量 θ_{TDR} 对比见表 3.7。可以看出，处理 A 以称重法测定的土壤体积含水量 θ_V 与以 TDR 法测定的土壤体积含水量 θ_{TDR} 之间的绝对偏差范围为 $0.0002 \sim 0.0433 cm^3/cm^3$，平均值为 $0.0114 cm^3/cm^3$；相对偏差范围为 $0.19\% \sim 14.52\%$，平均值为 7.53%。处理 B 以称重法测定的土壤体积含水量 θ_V 和以 TDR 法测定的土壤体积含水量 θ_{TDR} 之间的绝对偏差范围为 $0.0003 \sim 0.0355 cm^3/cm^3$，平均值为 $0.0117 cm^3/cm^3$；相对偏差范围为 $0.44\% \sim 26.54\%$，平均值为 10.92%。由此可知，TDR 法测量红壤含水量的偏差较大，使用前的标定非常必要。

表 3.7　　　　　　　称重法与 TDR 法测定的土壤体积含水量对比

处理	绝对偏差/(cm³/cm³)			相对偏差/%		
	最小值	最大值	平均值	最小值	最大值	平均值
A	0.0002	0.0433	0.0114	0.19	14.52	7.53
B	0.0003	0.0355	0.0117	0.44	26.54	10.92

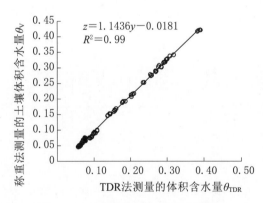

图 3.10　TDR 法测定的土壤体积含水量的标定方程

利用处理 B 以称重法测定的土壤体积含水量 θ_V 和以 TDR 法测定的土壤体积含水量 θ_{TDR} 数据建立修正方程（图 3.10），可见 θ_V 与 θ_{TDR} 的变化趋势一致，两者之间有着较高的相关性，可用线性函数进行校正，公式为

$$z = 1.1436y - 0.0181 \quad (R^2 = 0.99) \tag{3.7}$$

式中：z 为称重法测定的土壤体积含水量 θ_V；y 为 TDR 法测定的土壤体积含水量 θ_{TDR}。

根据 TDR 时域反射仪内部计算土壤体积含水量的 TOPP 方程为

$$y = 0.0000043x^3 - 0.0055x^2 + 0.0292x - 0.053 \tag{3.8}$$

式中：x 为 TDR 时域反射仪测定的土壤介电常数。

根据 TDR 时域反射仪内部计算土壤体积含水量的 TOPP 方程、土壤体积

含水量 θ_V 和 TDR 法测定的土壤体积含水量 θ_{TDR} 的相关方程可知，土壤容重为 $1.472g/cm^3$ 的红壤区坡耕地土壤体积含水量的 TOPP 方程的修正方程为

$$z = 0.0000049x^3 - 0.0062898x^2 + 0.03339312x - 0.0787108 \quad (3.9)$$

2. 修正方程验证

根据土壤体积含水量的 TOPP 方程的修正方程代入处理 A 的测定数据进行验证，结果表明修正后的方程计算精度明显提高，前后对比见表 3.8。从处理 A 整体数据分析，方程修正前的绝对偏差最小值、最大值、平均值分别为 $0.0002cm^3/cm^3$、$0.0433cm^3/cm^3$、$0.0114cm^3/cm^3$，相对偏差最小值、最大值、平均值分别为 0.19%、14.52%、7.53%，方程修正后绝对偏差最小值、最大值、平均值分别 $0.0001cm^3/cm^3$、$0.0149cm^3/cm^3$、$0.0034cm^3/cm^3$，相对偏差最小值、最大值、平均值分别为 0.03%、12.51%、2.95%。方程修正后，测定的土壤体积含水量误差的平均值和最大值都在 $0.02cm^3/cm^3$ 以内，测量精度分别提高了 65% 以上。对测定的土壤体积含水量以 $0.05cm^3/cm^3$ 为一个梯度进行划分分析，划分为 $0.0500\sim0.0999cm^3/cm^3$、$0.1000\sim0.1499cm^3/cm^3$、$0.1500\sim0.1999cm^3/cm^3$、$0.2000\sim0.2499cm^3/cm^3$、$0.2500\sim0.2999cm^3/cm^3$、$0.3000\sim0.3499cm^3/cm^3$、$0.3500\sim0.4000cm^3/cm^3$ 七个梯度，修正前的 TOPP 方程计算的土壤体积含水量超过 $0.02cm^3/cm^3$ 时误差都在 $0.002cm^3/cm^3$ 以上，甚至超过 $0.003cm^3/cm^3$，即说明在土壤体积含水量比较高时原来 TOPP 方程计算的误差较大，修正后的 TOPP 方程计算的土壤体积含水量误差都在 $0.02cm^3/cm^3$ 以内，尤其是减小了高土壤体积含水量条件下 TOPP 方程的计算误差，说明 TOPP 方程在红壤地区表层土壤的修正方面具有实用意义。

3.4.2.3 容重 $1.639g/cm^3$ 红壤 TOPP 方程修正

1. 方程修正过程

处理 A、处理 B 以称重法测定的土壤体积含水量 θ_V 和 TDR 法测定的土壤体积含水量 θ_{TDR} 对比见表 3.9。处理 A 以称重法测定的土壤体积含水量 θ_V 与以 TDR 法测定的土壤体积含水量 θ_{TDR} 之间的绝对偏差范围为 $-0.0989\sim-0.00075cm^3/cm^3$，最小绝对偏差为 $-0.0989cm^3/cm^3$，最大绝对偏差为 $-0.00075cm^3/cm^3$，平均值为 $0.0533cm^3/cm^3$；相对偏差范围为 $-158.12\%\sim-0.21\%$，平均值为 60.25%。处理 $2\theta_V$ 与 θ_{TDR} 之间的绝对偏差范围为 $-0.0816\sim-0.0048cm^3/cm^3$，最小绝对偏差为 $-0.0816cm^3/cm^3$，最大绝对偏差为 $-0.0048cm^3/cm^3$，平均值为 $0.0635cm^3/cm^3$；相对偏差范围为 $-329.97\%\sim-1.33\%$，平均值为 109.74%。由此可知，TDR 法测量红壤含水量的偏差较大，使用前的标定非常必要。

表3.8　处理A以称重法与TDR法测定土壤体积含水量方程修正前后对比

土壤体积含水量/(cm³/cm³)	TOPP方程修正前						TOPP方程修正后					
	绝对偏差/(cm³/cm³)			相对偏差/%			绝对偏差/(cm³/cm³)			相对偏差/%		
	最小值	最大值	平均值	最小值	最大值	平均值	最小值	最大值	平均值	最小值	最大值	平均值
0.0500~0.4000	0.0002	0.0433	0.0114	0.19	14.52	7.53	0.0001	0.0149	0.0034	0.03	12.51	2.95
0.3500~0.4000	0.0402	0.0433	0.0415	9.51	10.47	9.93	0.0129	0.0149	0.0140	10.17	12.51	11.07
0.3000~0.3499	0.0255	0.0395	0.0334	8.45	11.74	10.35	0.0065	0.0109	0.0076	4.44	1.09	0.76
0.2500~0.2999	0.0185	0.0259	0.0235	7.41	9.02	8.37	0.0049	0.0064	0.0063	3.47	4.23	5.51
0.2000~0.2499	0.0096	0.0201	0.0138	4.75	8.09	6.14	0.0034	0.0048	0.0052	2.56	3.30	3.85
0.1500~0.1999	0.0060	0.0099	0.0085	3.13	5.41	4.51	0.0026	0.0034	0.0041	2.22	2.55	3.17
0.1000~0.1499	0.0002	0.0093	0.0035	0.19	9.28	3.26	0.0022	0.0026	0.0031	1.72	2.16	2.48
0.0500~0.0999	0.0022	0.0110	0.0059	3.28	14.52	8.29	0.0001	0.0026	0.0013	0.03	2.23	1.13

表 3.9　　　　　　　称重法与 TDR 法测定的土壤体积含水量对比

处理	绝对偏差/(cm³/cm³)			相对偏差/%		
	最小值	最大值	平均值	最小值	最大值	平均值
A	−0.0989	−0.00075	0.0533	−158.12	−0.21	60.25
B	−0.0816	−0.0048	0.0635	−329.97	−1.33	109.74

利用处理 B 以称重法测定的土壤体积含水量 θ_V 和以 TDR 法测定的土壤体积含水量 θ_{TDR} 数据建立修正方程（图 3.11），可见 θ_V 与 θ_{TDR} 的变化趋势一致，两者之间有着较高的相关性，可用线性函数进行校正，公式为

$$z=1.1561y-0.0928 \quad (R^2=0.99) \tag{3.10}$$

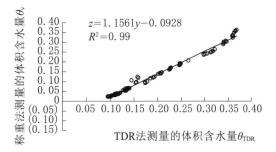

图 3.11　TDR 法测定的土壤体积含水量的标定方程

式中：z 为称重法测定的土壤体积含水量 θ_V；y 为 TDR 法测定的土壤体积含水量 θ_{TDR}。

根据 TDR 时域反射仪内部计算土壤体积含水量的 TOPP 方程为

$$y=0.0000043x^3-0.0055x^2+0.0292x-0.053 \tag{3.11}$$

式中：x 为 TDR 时域反射仪测定的土壤介电常数。

根据 TDR 时域反射仪内部计算土壤体积含水量的 TOPP 方程、土壤体积含水量 θ_V 和 TDR 法测定的土壤体积含水量 θ_{TDR} 的相关方程可知，土壤容重为 1.639g/cm³ 的红壤区坡耕地土壤体积含水量的 TOPP 方程的修正方程为

$$z=0.0000050x^3-0.0006359x^2+0.0337581x-0.1540733 \tag{3.12}$$

2. 修正方程验证

根据土壤体积含水量的 TOPP 方程的修正方程代入处理 A 的测定数据进行验证，结果表明修正后的方程计算精度明显提高，前后对比见表 3.10。从处理 A 整体数据分析，方程修正前的绝对偏差最小值、最大值、平均值分别为 −0.0989cm³/cm³、−0.00075cm³/cm³、0.0533cm³/cm³，相对偏差最小值、最大值、平均值分别为 −158.12%、−0.21%、60.25%，方程修正后绝对偏差最小值、最大值、平均值分别 −0.0351cm³/cm³、0.0353cm³/cm³、0.0108cm³/cm³，相对偏差最小值、最大值、平均值分别为 −40.47%、38.09%、11.73%。方程修正后，测定的土壤体积含水量误差的平均值在 0.01cm³/cm³ 以内，测量精

表3.10 处理A称重法与TDR法测定土壤含水量方程修正前后对比

土壤体积含水量/(cm³/cm³)	标定曲线验证前						标定曲线验证后					
	绝对偏差/(cm³/cm³)			相对偏差/%			绝对偏差/(cm³/cm³)			相对偏差/%		
	最小值	最大值	平均值	最小值	最大值	平均值	最小值	最大值	平均值	最小值	最大值	平均值
0~0.3999	-0.0989	-0.00075	0.0533	-158.12	-0.21	60.25	-0.0351	0.0353	0.0108	-40.47	38.09	11.73
0.3500~0.3999	-0.0106	-0.0008	0.0050	-3.01	-0.21	1.42	0.0254	0.0353	0.0311	7.20	9.72	8.66
0.3000~0.3499	-0.0242	-0.0115	0.0165	-7.95	-3.57	5.18	0.0174	0.0291	0.0236	5.71	9.03	7.34
0.2500~0.2999	-0.0492	-0.0433	0.0470	-18.76	-15.85	17.71	-0.0050	0	0.0029	-1.92	0.00	1.11
0.2000~0.2499	-0.0536	-0.0462	0.0506	-25.97	-20.03	22.93	-0.0046	0.0034	0.0018	-1.94	1.48	0.79
0.1500~0.1999	-0.0518	-0.0488	0.0507	-30.43	-25.15	27.73	0.0027	0.0093	0.0056	1.33	5.37	3.14
0.1000~0.1499	-0.0568	-0.0347	0.0508	-56.05	-23.23	40.36	0.0059	0.0294	0.0136	3.96	19.68	10.60
0.0500~0.0999	-0.0989	-0.0520	0.0635	-123.92	-54.19	85.45	-0.0351	0.0177	0.0127	-40.47	24.43	16.57
0~0.0499	-0.0655	-0.0615	0.0632	-158.12	-133.41	145.84	0.0105	0.0154	0.0129	22.63	38.09	29.85

度分别提高了 70% 以上。对测定的土壤体积含水量以 $0.05cm^3/cm^3$ 为一个梯度进行划分分析，划分为 $0\sim0.0499cm^3/cm^3$、$0.0500\sim0.0999cm^3/cm^3$、$0.1000\sim0.1499cm^3/cm^3$、$0.1500\sim0.1999cm^3/cm^3$、$0.2000\sim0.2499cm^3/cm^3$、$0.2500\sim0.2999cm^3/cm^3$、$0.3000\sim0.3499cm^3/cm^3$、$0.3500\sim0.3999cm^3/cm^3$ 八个梯度，修正前的 TOPP 方程计算的土壤体积含水量误差都在 $0.02cm^3/cm^3$ 以上，甚至超过 $0.05cm^3/cm^3$，即说明在土壤体积含水量比较高时原来 TOPP 方程计算的误差较大，修正后的 TOPP 方程计算的土壤体积含水量误差都在 $0.02cm^3/cm^3$ 以内，尤其是减小了高土壤体积含水量条件下 TOPP 方程的计算误差，说明 TOPP 方程在红壤地区表层土壤的修正方面具有实用意义。

第4章 红壤坡地土壤水分时空
分布规律及其影响因素

4.1 概　　述

　　研究区位于江西水土保持生态科技园（图 4.1），园区内建有 1 个标准气象站，建有野外径流小区 100 多个。该园区地处江西省北部的德安县燕沟小流域、鄱阳湖水系博阳河西岸，位于东经 115°42′38″～115°43′06″、北纬 29°16′37″～29°17′40″之间，总面积为 80hm²。该园区属亚热带季风气候区，气候温和，四季分明，雨量充沛，光照充足，且雨热同期。多年平均降雨量为 1350.9mm，因受季风影响而在季节分配上极不均匀，形成明显的干季和湿季。最大年降雨量为 1807.7mm，最小年降雨量为 865.6mm。多年平均气温为 16.7℃，年日照时数为 1650～2100h，无霜期为 245～260d。

图 4.1　江西水土保持生态科技园

　　该园区位于我国红壤的中心区域，属我国土壤侵蚀二级类型区的南方红壤区。其地层为元古界板溪群泥质岩、新生界第四纪红色黏土、近代冲积物与残积物。地貌类型为浅丘岗地，海拔一般为 30～100m，坡度多在 5°～25°。土壤发育于母质主要为第四纪红土和泥质岩类风化物的表层；土质类型主要为中壤土、重壤土和轻黏土；土壤呈酸性～微酸性，土壤中矿物营养元素缺乏，氮、磷、钾都少，尤其是磷更少。地带性植被类型为常绿阔叶林，植物种类繁多，植被类型多样，但长期不合理采伐利用，造成地表植被遭到破坏，现存植被多为人工营造的针叶林、常绿阔叶林、竹林、针阔混交林、常绿落叶混交林、落叶阔叶林等。

土壤水分时空分布规律及土壤水分变化数据来源于坡耕地水量平衡试验区，试验区共 20 个径流小区，宽度为 5m，水平投影长 20m，地表土体 8°径流小区 12 个，地表土体 15°径流小区 8 个（图 4.2）。支撑土体的混凝土底板

 （a）A-1顺坡耕作 （b）A-2顺坡耕作+植物篱 （c）A-3顺坡耕作+植物篱 （d）A-4顺坡耕作

 （e）A-5顺坡耕作 （f）A-6顺坡耕作+植物篱 （g）B-1裸露对照   （h）B-2裸露对照

 （i）B-3免耕措施 （j）B-4秸秆覆盖措施 （k）B-5免耕措施 （l）B-6秸秆覆盖措施

图 4.2 水量平衡试验区

分别采用和土体坡度平行以及递增 2° 两种类型并进行配对试验。该实验主要在 A、B 区内开展，A 区为 6 个地表土体 8°，混凝土底板 8° 的小区；B 区为 6 个地表土体 8°，混凝土底板 10° 的小区。试验区土壤分为 A 层、B 层、BV 上层、BV 下层，各层土壤容重为 A 层（0～30cm）1.327g/cm³、B 层（30～60cm）1.472g/cm³、BV 上层（60～150cm）1.526g/cm³、BV 下层（150cm 至底板）1.639g/cm³。每个小区从坡顶到坡脚分为 8 个坡位，坡位 1 距离坡顶围埝水平投影长 250cm，坡位 2 沿下坡方向与 1 坡位距离 250cm，其他坡位间隔 250cm 依次沿下坡向排列。每个坡位土壤水分传感器埋设 7 个深度，分别为 20cm、40cm、60cm、80cm、130cm、180cm、230cm，土壤水分监测系统为 TDR100，数据采集频次为 20min/次。

试验区为坡耕地水量平衡试验区的 A、B 区，共涉及 12 个小区，处理分别为裸露对照、常规（顺坡，下同）耕作、顺坡耕作＋植物篱、免耕、顺坡耕作＋稻草覆盖。植物篱的株行距为 20cm×30cm，带间距为 8m，植物篱为黄花菜植物篱，在距离小区坡顶 8m、16.6m 处分别种植带宽为 0.6m 的植物篱两行，株距为 20cm。覆盖稻草 1kg/m²，农作物以当地代表性旱坡地农作物花生、油菜，采用花生＋油菜轮作模式。

4.2　年月尺度土壤水分时空分布规律

4.2.1　年尺度土壤水分空间分布规律

以水量平衡试验区裸地小区为研究对象，对 2018 年、2019 年同一深度、不同坡位土壤水分进行统计，计算出不同深度的土壤平均体积含水量（图 4.3）。结果表明，2018 年、2019 年土壤平均体积含水量均表现为从地下 20cm 到 40cm 增大，40cm 到 80cm 土壤体积含水量随深度增大而减小，80cm 到 280cm 土壤体积含水量随深度增大而增大，即土壤体积含水量整体上表现为随深度先增大后减小再增大的过程。

将 2018 年、2019 年同一深度、不同坡位的土壤体积含水量平均，分析同一深度不同坡位土壤水分变化（图 4.4）。由此可知，2018 年、2019 年 20cm 深度土壤体积含水量从坡位 1（坡顶）到坡位 8（坡脚）呈现先增大后减小再增大的过程；40cm、60cm 深度土壤体积含水量从坡位 1 到坡位 8 先增大后减小；80cm 深度土壤体积含水量从坡位 1 到坡位 8 呈现先减小再增大，然后继续减小再增大的过程；130cm、180cm、230cm 深度土壤体积含水量从坡位 1 到坡位 8 先减小后增大；280cm 深度土壤体积含水量从坡位 4 到坡位 8 整体

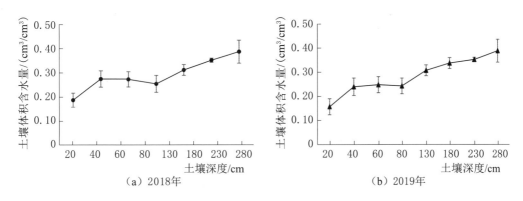

图 4.3　年平均土壤水分与土壤深度的关系

上呈减小趋势。上述分析说明，坡位是影响土壤水分的重要因素，不同深度土壤水分受坡位的影响程度存在差异。

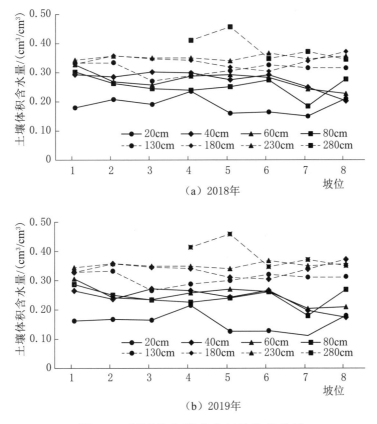

图 4.4　年平均土壤水分与坡位的关系

4.2.2　月尺度土壤水分时间分布规律

将 2018 年裸地小区不同深度日土壤水分与日降雨量进行分析（图 4.5），可知日降雨量对 20cm、40cm、60cm、80cm 深度土壤水分有明显影响，随着日降雨量的增大而增大，20cm 深度土壤水分受日降雨量的变化最明显，随着深度的增加土壤水分对日降雨的响应在减弱；日降雨量对 130cm 深度以下土壤体积含水量影响微弱。在不同季节，日降雨量对土壤水分的影响亦不同，7—9 月日降雨量对土壤水分的影响较其他月份更低，主要因为该时段气温高，土壤蒸发量大，气温导致的土壤水分蒸发削弱了日降雨量的影响。

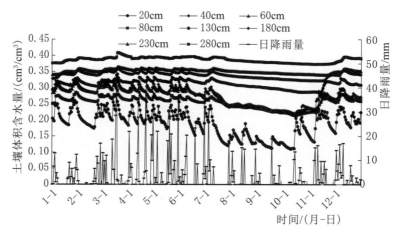

图 4.5　不同深度土壤水分日变化规律

对 2018 年裸地小区不同深度月均值土壤水分与月尺度变化进行分析（图 4.6）可知，不同深度土壤体积含水量与月变化关系表现为减小—增大—减小—增大的趋势，与降雨量月时间变化关系相似，但是由于气温月的变化，土壤体积含水量高峰与降雨量高峰出现的时间不一致，低峰亦不完全相同，不同深度土壤水分峰值均是 3 月；20cm 深度土壤水分的低谷在 9 月，与降雨量低谷值一致；40～130cm 深度土壤水分的低谷在 10 月，滞后降雨低谷值 1 个月；180cm 深度以下土壤水分低谷值在 11 月，滞后于降雨低谷值 2 个月。随着土壤深度的增加，土壤体积含水量月变化幅度减小。

利用 2018 年裸露小区月尺度数据，由图 4.7 可知，2018 年 1—6 月随着时间的推移，裸露小区从上到下顺着剖面水分含量变化总体呈现增加趋势，但变化趋势的空间差异性较大。其中，距坡顶 2.5～10m 以及坡底（距坡顶 17.5～20.0m）、深度为 1.6～2.3m 范围的深层剖面土壤体积含水量提高幅度

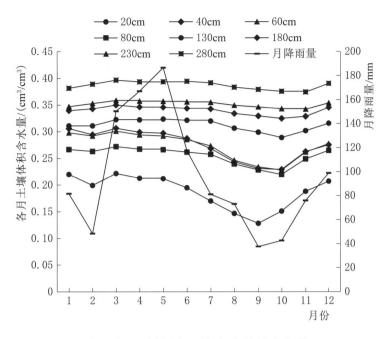

图 4.6　不同深度土壤水分月尺度变化

较大，但 0～40cm 深度土壤体积含水量变化不明显。这是因为随着雨季（4—6 月）的来临，降雨频繁发生，而裸露小区保水效果较差，有很大一部分雨水通过地表流出，加上大气温度的逐渐增加，表层土壤水分蒸发加剧，导致表层土壤含水量未呈现明显的变化趋势。同时，反复降雨会促进雨水向深层土壤渗透，加上深层土壤的蒸发效应要显著低于表层土壤，从而导致深层土壤体积含水量增加幅度显著高于浅层土壤。与此同时，上坡位的土壤水通过地表径流或壤中流的形式向中下坡位渗透，从而导致中下坡位含水量显著增加。从 7 月开始，含水量呈现明显的降低趋势，且以 30～80cm 深度土壤体积含水量降低幅度最大。造成这一现象的主要原因是 7—10 月区域内发生伏秋旱，降雨少，气温高，蒸腾效应显著，且裸露小区表层土壤体积含水量原本便较低（0.15～0.2cm³/cm³），接近萎蔫点，因此 0～30cm 深度土壤降低幅度相对较大。持续的干旱导致蒸散向下层土壤延伸，且强度随土壤深度的增加而呈现显著降低的趋势，因此表现为 30～80cm 深度土壤体积含水量降低趋势最明显。自 11 月开始，随着降雨量的增加，加上气温的显著降低，旱情显著缓解，土壤体积含水量呈现显著增加趋势，且 0～80cm 深度土壤体积含水量变化幅度最显著。至 12 月，2m 以下深层土壤体积含水量亦显著提高，重新恢复至 0.4cm³/cm³ 以上。

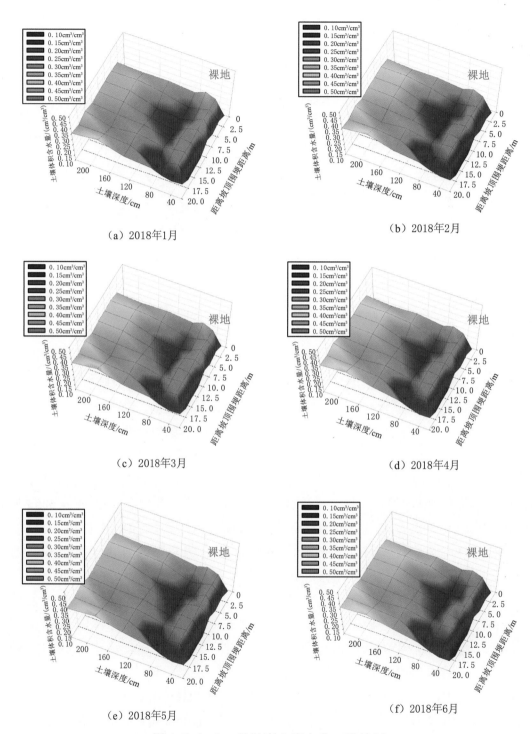

(a) 2018年1月　　　　　　　　　　(b) 2018年2月

(c) 2018年3月　　　　　　　　　　(d) 2018年4月

(e) 2018年5月　　　　　　　　　　(f) 2018年6月

图 4.7（一）　月尺度土壤水分三维特征

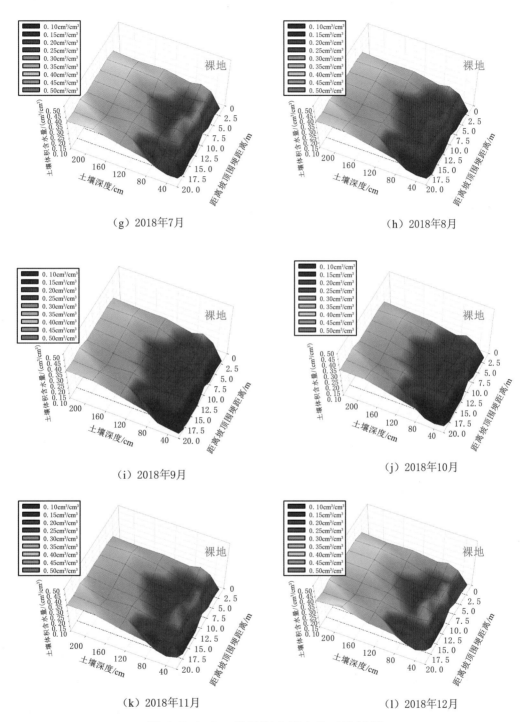

（g）2018年7月　　　　　　　　　　　　（h）2018年8月

（i）2018年9月　　　　　　　　　　　　（j）2018年10月

（k）2018年11月　　　　　　　　　　　　（l）2018年12月

图 4.7（二）　月尺度土壤水分三维特征

4.3 干旱过程土壤水分时空分布规律

4.3.1 相同季节不同旱情土壤水分时空分布规律

对 2018 年裸露小区轻旱条件下土壤水分变化过程进行分析（图 4.8）可知，在轻旱条件下不同深度土壤水分随着干旱时间的延长均减小，但是从地表到地下随着深度的增加，土壤水分衰减逐渐减缓，130cm 及以下深度土壤水分在轻旱期内几乎没有明显减少；不同干旱阶段对土壤水分的影响亦不同，5d 内的无雨日土壤水分衰减率大于 5～9d。0～5d 内 20cm、40cm、60cm、80cm 深度土壤日均水分衰减率分别为 0.82％/d、0.34％/d、0.21％/d、0.16％/d，到了 5～9d，日均水分衰减率分别为 0.48％/d、0.18％/d、0.08％/d、0.07％/d，分别减少了 42％、47％、62％、58％。

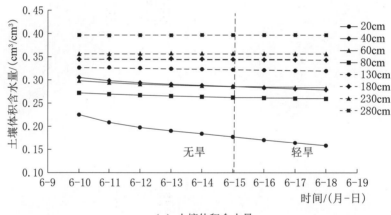

（a）土壤体积含水量

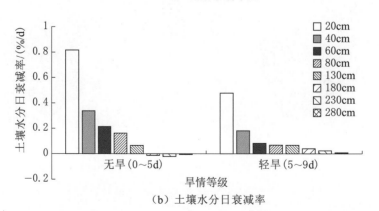

（b）土壤水分日衰减率

图 4.8 轻旱条件下不同深度土壤水分变化过程

对 2018 年裸露小区中旱条件下土壤水分变化过程进行分析（图 4.9）可知，不同深度土壤水分在中旱过程中变化差异很大，从地表到地下随着深度的增加，干旱对土壤水分的影响减小，20cm 深度土壤水分变异最大，130cm 及以下深度土壤水分几乎无明显影响；干旱不同阶段对土壤水分影响也不同，无雨日的 0～5d 阶段 20cm 深度土壤水分衰减率达到 0.76%/d，40cm、60cm、80cm 深度土壤水分甚至略有增加，主要由于 8 月 16 日有 14.7mm 的降雨，其入渗影响 40～80cm 深度土壤水分，5d 后不同深度土壤水分均下降；干旱 8d 后 20cm 深度土壤水分减小到 $0.1275cm^3/cm^3$，后期土壤水分几乎平稳，主要受到干旱土壤水分继续减小和 8 月 25 日有一场 3.7mm 降雨的双重影响。

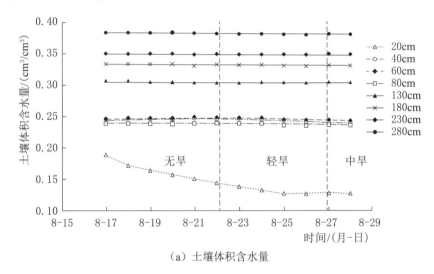

（a）土壤体积含水量

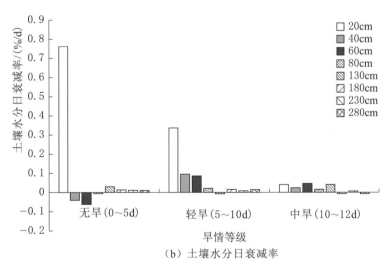

（b）土壤水分日衰减率

图 4.9 中旱条件下不同深度土壤水分变化过程

对 2018 年裸露小区重旱条件下土壤水分变化过程进行分析（图 4.10）可知，不同深度土壤水分在重旱过程中变化差异很大，从地表到地下随着深度的增加，干旱对土壤水分的影响减小，20cm 深度土壤水分衰减最明显，130cm 及以下深度土壤水分几乎无明显影响；干旱不同阶段对土壤水分影响也不同，无雨日的 0～5d（无旱）阶段 20cm、40cm、60cm、80cm 深度土壤水分衰减率分别为 0.49％/d、0.18％/d、0.13％/d、0.09％/d，无雨日的 5～10d（轻旱）阶段 20cm、40cm、60cm、80cm 深度土壤水分衰减率分别为 0.38％/d、0.25％/d、0.21％/d、0.07％/d，无雨日的 10～15d（中旱）阶段 20cm、40cm、60cm、80cm 深度土壤水分衰减率分别为 0.16％/d、0.16％/d、0.24％/d、0.11％/d，无雨日的 15～17d（重旱）阶段 20cm、40cm、60cm、

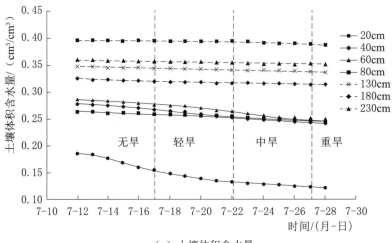

（a）土壤体积含水量

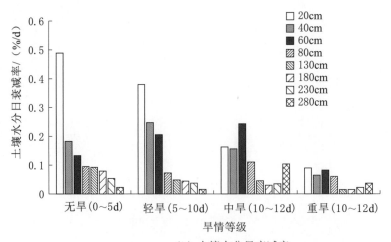

（b）土壤水分日衰减率

图 4.10　重旱条件下不同深度土壤水分变化过程

80cm 深度土壤水分衰减率分别为 0.09%/d、0.06%/d、0.08%/d、0.06%/d；20cm 深度土壤水分的衰减主要集中在无旱、轻旱阶段，并且无旱阶段土壤水分衰减率大于轻旱阶段；40cm 深度土壤水分的衰减率最大值出现在轻旱阶段，60cm、80cm 深度土壤水分的衰减率最大值出现在轻旱、中旱阶段。

上述分析表明，南方红壤区季节性干旱对不同深度土壤水分影响不同，不同旱情等级对不同深度土壤水分影响趋势类似。20cm 深度土壤水分对干旱响应最明显，随着土壤深度的增加土壤水分对干旱的响应减弱，130cm 及以下深度土壤水分受短期干旱的影响很小；随着旱情等级的提高，其对下层土壤的影响增大，无旱阶段无雨日数主要影响到 20cm 深度土壤水分，轻旱阶段主要影响到 40cm 深度以内土壤水分，中旱阶段主要影响 60cm 深度以内土壤水分，重旱阶段才能影响到 80cm 深度土壤水分。

对不同旱情等级（轻旱、中旱、重旱）条件下裸露小区从上到下顺着剖面水分含量变化进行分析（图 4.11）可知，随着旱情等级的逐渐提高，0～

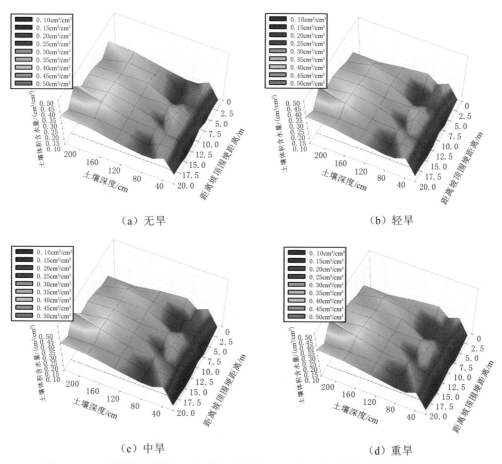

图 4.11　不同旱情等级（轻旱、中旱、重旱）顺坡剖面土壤水分三维图

40cm 深度土壤体积含水量变化最显著。在无旱条件下，0～20cm 深度不同坡位土壤体积含水量变化范围为 $0.16～0.217cm^3/cm^3$，平均值为 $0.189cm^3/cm^3$；轻旱、中旱和重旱条件下不同坡位 0～20cm 深度土壤体积含水量分别为 $0.138～0.207cm^3/cm^3$（平均 $0.165cm^3/cm^3$）、$0.123～0.188cm^3/cm^3$（平均 $0.149cm^3/cm^3$）、$0.116～0.18cm^3/cm^3$（平均 $0.142cm^3/cm^3$）。相比无旱条件，轻旱、中旱和重旱条件下 0～20cm 深度土壤体积含水量依次降低 $0.127cm^3/cm^3$、$0.212cm^3/cm^3$ 和 $0.249cm^3/cm^3$。在无旱条件下，20～40cm 深度不同坡位土壤体积含水量变化范围为 $0.275～0.314cm^3/cm^3$，平均值为 $0.298cm^3/cm^3$；轻旱、中旱和重旱条件下不同坡位 20～40cm 深度土壤体积含水量分别为 $0.268～0.32cm^3/cm^3$（平均 $0.291cm^3/cm^3$）、$0.259～0.312cm^3/cm^3$（平均 $0.281cm^3/cm^3$）、$0.25～0.306cm^3/cm^3$（平均 $0.273cm^3/cm^3$）。相比无旱条件，轻旱、中旱和重旱条件下 20～40cm 深度土壤体积含水量依次降低 $0.023cm^3/cm^3$、$0.057cm^3/cm^3$ 和 $0.084cm^3/cm^3$，降低幅度随干旱程度增强而增大。相比无旱条件，不同旱情等级条件下 40～60cm 深度土壤体积含水量降低幅度相对较小，依次为 $0.016cm^3/cm^3$、$0.031cm^3/cm^3$ 和 $0.045cm^3/cm^3$。这说明不同等级干旱主要影响 0～60cm 深度土壤体积含水量且影响幅度随土壤深度增加而降低。不同旱情等级条件下，60cm 深度以下土壤体积含水量未发生明显变化。

4.3.2　不同季节相同旱情土壤水分时空分布规律

对冬季轻旱条件下土壤水分变化进行分析（图 4.12）可知，冬季干旱对土壤水分造成的衰减相对较弱，无旱阶段（0～14d 无雨日）20cm、40cm、60cm、80cm 深度土壤水分衰减率分别为 0.29%/d、0.17%/d、0.13%/d、0.12%/d；轻旱阶段（14～20d 无雨日）20cm、40cm、60cm、80cm 深度土壤水分衰减率分别为 0.14%/d、0.06%/d、0.03%/d、0.03%/d；从地表到地下，随着土壤深度的增加，土壤水分随着干旱天数的增加衰减程度减弱，但是 130cm 深度以下土壤水分仍然存在下降趋势，主要受到冬季月季降雨的减少，致使底层土壤水分减少。

对秋季轻旱条件下土壤水分变化进行分析（图 4.13）可知，秋季无旱阶段（0～9d 无雨日）20cm、40cm、60cm、80cm 深度土壤水分衰减率分别为 0.40%/d、0.09%/d、−0.04%/d、−0.04%/d；轻旱阶段（9～13d 无雨日）20cm、40cm、60cm、80cm 深度土壤水分衰减率分别为 0.18%/d、0.10%/d、0.02%/d、0/d；从地表到地下，随着土壤深度的增加，土壤水分随着干旱天数的增加衰减程度减弱，但不同阶段不同深度土壤水分影响不同，无旱阶段

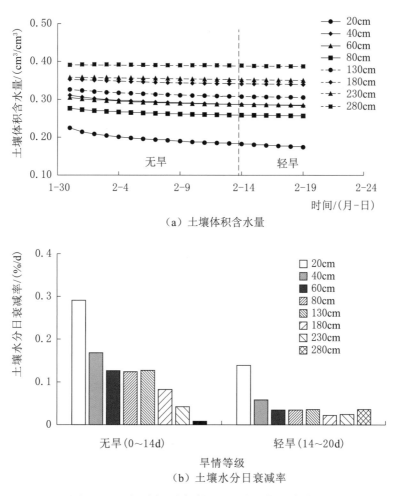

图 4.12　冬季轻旱条件下不同深度土壤水分

主要影响 20cm 深度以内土壤水分，轻旱阶段 40cm、60cm 深度土壤水分影响增加。

　　对夏季轻旱条件下土壤水分变化进行分析（图 4.14）可知，夏季无旱阶段（0～5d 无雨日）20cm、40cm、60cm、80cm 深度土壤水分衰减率分别为 0.82%/d、0.34%/d、0.21%/d、0.16%/d；轻旱阶段（5～9d 无雨日）20cm、40cm、60cm、80cm 深度土壤水分衰减率分别为 0.48%/d、0.18%/d、0.08%/d、0.07%/d；从地表到地下，随着土壤深度的增加，土壤水分随着干旱天数的增加衰减程度减弱，但不同阶段不同深度土壤水分影响不同，20cm、40cm 深度土壤在夏季无旱阶段（0～5d 无雨日）衰减最快。

　　上述分析表明，不同季节相同干旱对土壤水分影响有差异，从冬季、秋季到夏季，20cm 深度土壤水分衰减率逐渐增大，20cm 深度土壤水分无雨后

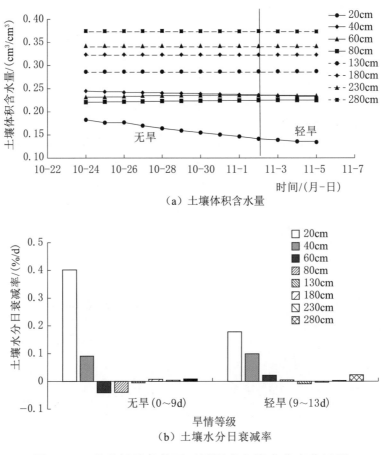

（a）土壤体积含水量

（b）土壤水分日衰减率

图 4.13　秋季轻旱条件下不同深度土壤水分变化过程

衰减主要受到蒸发的影响，从冬季到夏季气温越来越高，蒸发强度不断增加，导致该层土壤水分衰减增大；80cm 深度以下土壤水分衰减率在冬季大于秋季和夏季，80cm 深度以下土壤短时期内无降雨，干旱对其影响很小，主要受到长时间降雨补给减少，致使土壤水分衰减，因此 80cm 深度以下的深层土壤水分衰减冬季大于夏季和秋季。

利用 2018 年不同季节（春季、夏季、秋季和冬季）相同旱情下土壤水分数据，制作小区剖面土壤水分三维图（图 4.15）。结果表明，相同旱情（轻旱）条件下，春季和夏季旱情主要影响浅层（0～80cm）土壤体积含水量。秋季旱情则对不同深度土壤体积含水量均造成不同程度的影响，其中不同坡位 0～20cm 深度土壤体积含水量普遍降低至 0.2cm³/cm³ 以下。相比春季、夏季轻度干旱，秋季干旱降低了 40～80cm 深度土壤体积含水量。与此同时，秋季干旱条件下，距坡顶 2.5～10m 以及坡底（距坡顶 17.5～20.0m）、深度为 1.6～2.3m 范围的深层剖面土壤体积含水量亦呈现一定程度的降低。

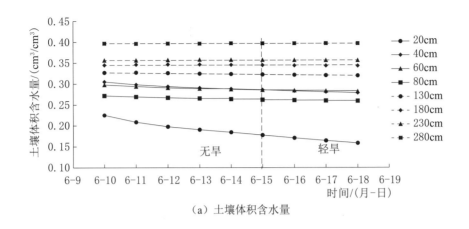

（a）土壤体积含水量

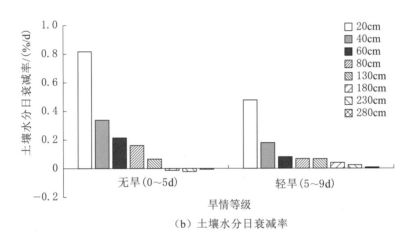

（b）土壤水分日衰减率

图 4.14　夏季轻旱条件下不同深度土壤水分变化过程

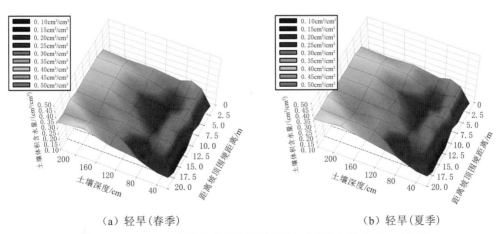

（a）轻旱（春季）　　　　　　　　　（b）轻旱（夏季）

图 4.15（一）　不同季节相同旱情顺坡剖面土壤水分三维图

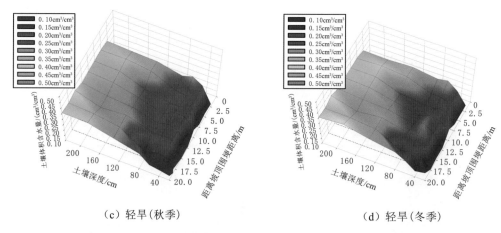

（c）轻旱（秋季）　　　　　　　　　（d）轻旱（冬季）

图 4.15（二）　不同季节相同旱情顺坡剖面土壤水分三维图

4.4　干旱后不同降雨土壤水分变化规律

对顺坡耕作小区 2018 年 6 月 20 日轻旱后中雨（23.4mm）条件下土壤水分变化进行分析（图 4.16）可知，轻旱后中雨对不同深度土壤水分影响不同，20cm 深度土壤水分受降雨有明显影响，降雨后 2h21min（累计降雨量达到19.3mm）20cm 深度土壤水分开始增加，降雨后 9h41min（雨停后 5h34min）土壤水分达到最大且趋于稳定。

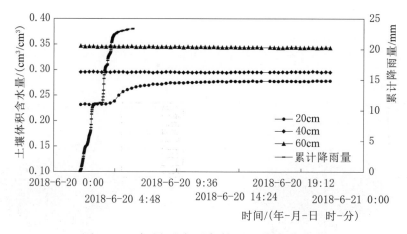

图 4.16　轻旱后中雨条件下土壤水分变化

对顺坡耕作小区 2019 年 7 月 4 日轻旱后暴雨（94.8mm）条件下土壤水分变化进行分析（图 4.17）可知，轻旱后暴雨对不同深度土壤水分影响不同，降雨后 3h30min（累计降雨量达到 13.4mm）20cm 深度土壤水分开始缓慢增加，降雨后 11h50min（累计降雨量达到 26.2mm）20cm 深度土壤水分开始明显增加，降雨后 12h10min（累计降雨量达到 37.4mm）40cm 深度土壤水分开始明显增加，降雨后 12h30min（累计降雨量达到 43.1mm）60cm 深度土壤水分开始明显增加。20cm、40cm、60cm 深度土壤水分突变增加的土壤水分分别为 0.1065cm³/cm³、0.0918cm³/cm³、0.0575cm³/cm³。上述分析表明，随着土壤深度的增加，土壤水分对降雨的响应减弱，随着土壤深度的增加，土壤水分增加的时间明显滞后；不同深度土壤水分变化需要的降雨量也不同，20cm 深度土壤水分在累计降雨量达 26.2mm 后才增加，40cm 深度土壤水分在累计降雨量达 37.4mm 后才增加，60cm 深度土壤水分需要累计降雨量达 43.1mm 后才增加。

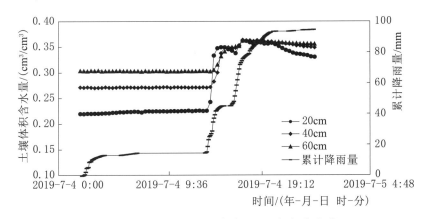

图 4.17　轻旱后暴雨条件下土壤水分变化

对顺坡耕作小区 2018 年 6 月 20 日轻旱后中雨（23.4mm）条件下土壤水分进行分析（图 4.18）可知，前期呈现轻度干旱、紧接着出现一场中雨（降雨量 23.4mm）后，0～40cm 深度土壤体积含水量显著提升，且提升幅度最显著的区域为距离坡顶 2.5～17.5m 的区域，而距离坡顶 0～2.5m 以及坡脚 0～20 深度土壤体积含水量变化较小。轻旱遭遇中雨后顺坡方向剖面深层土壤（40cm 深度以下土壤层）体积含水量变化相对较小。

对顺坡耕作小区 2019 年 7 月 4 日轻旱后遭遇暴雨土壤水分分布变化进行分析（图 4.19）可知，前期呈现轻度干旱、紧接着出现一场暴雨（降雨量 94.8mm）后，0～60cm 深度土壤体积含水量呈现不同程度的提升，且提升幅度最显著的区域为距离坡顶 0～15.0m 的区域，而顺坡耕作小区坡脚 0～60cm 深度土壤体积含水量变化较小。轻旱后遭遇暴雨顺坡剖面深层土壤（60cm 深度以下土壤层）体积含水量变化相对较小。这说明短期内暴雨只能够显著增加 60cm 深度以上土壤层的含水量。

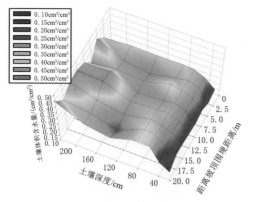 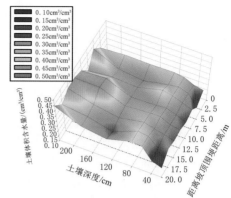

（a）2018年6月19日降雨前，轻旱　　　　（b）2018年6月20日轻旱后，中雨（23.4mm）

图 4.18　轻旱后遭遇中雨顺坡剖面土壤水分含量分布变化三维图

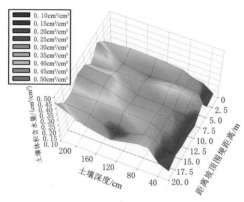 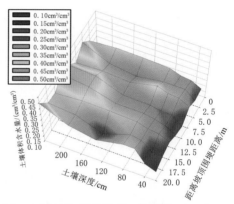

（a）2019年7月3日暴雨前，轻旱　　　　（b）2019年7月4日轻旱后，暴雨（94.8mm）

图 4.19　轻旱后遭遇暴雨顺坡剖面土壤水分含量分布变化三维图

4.5　土壤水分变化影响因素

4.5.1　气象因素

以江西省水土保持生态科技园气象站 2018 年降雨及温度数据为基础，分析降雨量、蒸发量和气温年内变化情况（图 4.20）。由图可知，主要气象因素（降雨量）在年内有很大变化。2018 年全年降雨量为 1083.9mm，低于多年平均降雨量（1354.1mm），而全年累计蒸发量为 825mm，干燥度达到 0.76，为典型干旱年份。从总体上看，年降雨量是相对较丰富的。但年内的降雨量分布不均，上半年降雨量约占全年的 2/3，下半年仅占 1/3。而 7—9 月三个月占全年总降雨量约 1/5～1/4，因正是高温期，蒸发量大，约占全年总蒸发量的 30％，造成严重的季节性水分亏缺。因此，缺水和高温同时威胁农作物生长，成为影响农林生产的主要障碍。

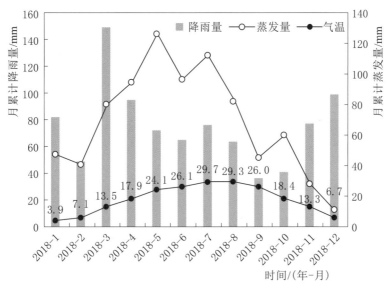

图 4.20　2018 年试验区月累计降雨量、蒸发量及月平均气温变化

采用冗余分析（RDA）进一步分析了不同气象因素对红壤坡地不同深度土壤体积含水量的影响（图 4.21）。结果表明，影响红壤坡地不同深度土壤体积含水量的主要因素包括降雨、蒸发、相对湿度、气温、不同深度地温等。其中，降雨、相对湿度与红壤坡地不同深度土壤体积含水量呈现显著正相关关系（$p < 0.01$），而蒸发、气温、不同深度地温等与红壤坡地不同深度土壤体积含水量呈现显著负相关关系（$p < 0.01$）。0～60cm 深度土壤体积含水量受不同气象因素的影响最显著。其中，降雨和蒸发是影响红壤坡地不同深度土壤体积含水量的主要因素。降雨后表层土壤体积含水量迅速增大，同时向下入渗。在较大降雨（过程）后的一定时段，土壤水接近饱和，并由于充分供水，这时蒸散强度大，土壤水消退较快；随着降雨的停止，表层土壤水逐渐减少，蒸散向下层土壤延伸，强度也逐渐减弱。

4.5.2　土壤因素

土壤库容是指土壤剖面中能为水分和空气占领之容积，两者之和等于总库容。在总库容中能保持水分的最大容量，称为储水库容，以相当于土壤水吸力为 30kPa 时的含水量作为储水库容。在总库容中不能储水的容积称通透库容，由总库容减去储水库容求得。在储水库容中，可分为有效水库容和无

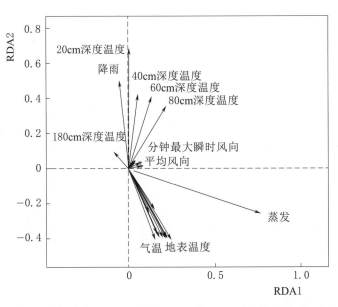

图 4.21　不同气象因素对红壤坡地不同深度土壤体积含水量的影响

效水库容，前者指土壤水吸力为 0.03～1.5MPa 的含水量，后者指在 1.5MPa 土壤水吸力时的含水量。

　　土壤库容可用 3 个基本土壤水分常数即饱和含水量、田间持水量和凋萎含水量来计算。饱和含水量反映土壤最大蓄水能力，为土壤水库的总库容；对农作物而言，田间持水量可视为正常蓄水能力；凋萎点含水量相当于死库容；田间持水量与凋萎含水量的差值为土壤有效含水量，它是土壤的有效蓄水能力，即有效库容。其计算公式为

$$W_{t} = \frac{\theta_{s} \times M \times h}{100 \times M} \times 10 = 0.1 \times \theta_{s} \times h \qquad (4.1)$$

$$W_{f} = 0.1 \times \theta_{f} \times h \qquad (4.2)$$

$$W_{d} = 0.1 \times \theta_{w} \times h \qquad (4.3)$$

$$W_{y} = W_{f} - W_{d} \qquad (4.4)$$

$$W_{h} = W_{t} - W_{f} \qquad (4.5)$$

式中：W_{t} 为某层土壤水库的总库容，mm；M 为面积，cm^{2}；h 为某土层厚度，cm；θ_{s} 为饱和含水量（体积含水量），cm^{3}/cm^{3}；θ_{f} 为田间持水量（体积含水量），cm^{3}/cm^{3}；θ_{w} 为凋萎含水量（体积含水量），cm^{3}/cm^{3}；W_{f} 为田间含水量对应的库容，mm，相当于有效库容和死库容之和；W_{d} 为死库容，mm；W_{y} 为有效库容，mm；W_{h} 为防洪库容，mm。

　　地面水库与土壤水库技术指标对比见表 4.1。

表 4.1　　　　　　　　　地面水库与土壤水库技术指标对比

技术指标	地面水库	土壤水库
死库容	死水位以下库容	凋萎含水量
有效库容/调节库容	死水位与正常蓄水位间库容	田间持水量与凋萎含水量之差
防洪库容/滞留库容	正常蓄水位与防洪高水位间库容	饱和含水量与田间持水量之差
最大库容	死库容＋调节库容＋滞留库容	饱和含水量
调节水量	每次洪水过程增蓄水量之和	每次降雨或灌水后土壤水分增值之和

采用土壤水分特征曲线的方法计算土壤水库库容。土壤水分特征曲线是土壤最重要的水力特性之一，不仅反映了土壤的持水和供水能力，也间接地反映出土壤孔隙的分布状况，是模拟土壤水分运动的重要参数。

通过采集江西水土保持生态科技园第四纪红壤样品，分析土壤水分特征曲线。采样时，在各样地内按上坡、中坡、下坡 3 个坡位设置 3 个重复，每个坡位分 0～30cm、30～60cm 和 60～90cm 三个土壤层次，在各土层中间部位采集环刀样品。采用环刀法测定土壤容重，采用美国 SEC 公司的压力膜仪分别测定 10kPa、30kPa、50kPa、70kPa、100kPa、300kPa、500kPa、1000kPa 和 1500kPa 吸力的土壤质量含水率。土壤水分特征曲线最常用的拟合模型有 Fredlund-Xing 模型和 Van Genucheten 模型（V-G 模型），考虑减少参数以提高实用性，选用 Van Genuchten 模型，其无论是对粗质地土壤还是较黏质地的土壤，拟合效果均较好。因此，采用 RETC 软件的 V-G 模型拟合实测的土壤水分特征曲线，该模型的数学表达式为

$$\frac{\theta-\theta_r}{\theta_s-\theta_r}=\left[\frac{1}{1+(\alpha h)^n}\right]^m \theta=\theta_r+\frac{\theta_s-\theta_r}{[1+(\alpha h)^n]^m} \tag{4.6}$$

式中：θ 为土壤容积含水量，cm^3/cm^3；θ_r 为滞留含水量，cm^3/cm^3；θ_s 为饱和含水量，cm^3/cm^3；h 为土壤水吸力，kPa；α、n、m 为拟合参数，且 $m=1-1/n$。

第四纪红土土壤特征曲线 Van Genuchten 模型拟合参数见表 4.2。

表 4.2　　　　第四纪红土土壤特征曲线 Van Genuchten 模型拟合参数

用地类型	θ_r	θ_s	α	n	m	R^2
样地 1	0.010	0.43	—	1.028	0.027	0.892

注： θ_r、θ_s、α、n、m 均为拟合参数，R^2 为决定系数。

表 4.3 为第四纪红土发育土壤水分常数。饱和含水量为 0.3730～0.5310cm^3/cm^3，高于花岗岩发育红壤的 0.1950～0.2340cm^3/cm^3，略低于黄土丘陵区撂荒

坡地对应土层的 $0.5200\sim0.5810cm^3/cm^3$；凋萎含水量为 $0.1680\sim0.1880cm^3/cm^3$，亦高于花岗岩发育红壤凋萎含水量的 $0.0780\sim0.1380cm^3/cm^3$，也比黄土丘陵区撂荒坡地的 $7.1\sim10.3cm^3/cm^3$ 高些（宁婷等，2015）。

表 4.3　　　　　　典型第四纪红土发育土壤水分常数（$n=3$）

土　壤	饱和含水量 （0kPa） /(cm³/cm³)	田间持水量 （30kPa） /(cm³/cm³)	毛管断裂含水量 （100kPa） /(cm³/cm³)	凋萎含水量 （1500kPa） /(cm³/cm³)
第四纪红土	0.4600±0.0200	0.2500±0.0044	0.1679±0.0058	0.1595±0.0039

　　高水势段的土壤体积含水量采用田间原状土测定，低水势段则用重塑土测定。一般认为，将土水势为 $30\sim1500kPa$ 间的含水量视为土壤有效含水量。测区土壤 $0\sim80cm$ 范围内，$0\sim30kPa$ 间的含水量较高，而 $30\sim1500kPa$ 间的含水量较低。$80cm$ 深度以下土层中两段水势间的含水量接近。因此，下层土壤中的有效含水量比上层土壤要多 $2.6\%\sim5\%$，这主要与下层土壤中的持水孔隙相对较高有关。但从总体看，红壤中的有效水含量较低，约占田间持水量的 1/3。有效水特低，除与黏粒含量较高、有较大的吸附面有关外，亦可能与红壤微团聚内持有大量的微细孔隙持水有关。

第5章 坡耕地抗旱保墒防控技术及效应

5.1 概　　述

5.1.1 盆栽试验

盆栽试验设置 5 个处理，分别为秸秆覆盖、秸秆还田、生物炭、增施有机肥、添加保水剂；每个处理设置 5 个用量梯度（表 5.1），每个处理水平重复 3 次。土盆规格为 34cm（外口径）×29cm（内口径）×23cm（高度）。前期使每个处理保持田间持水量的 40%，培养 1 个月，1 个月后结束浇水，并开始每隔 2d 运用自己组装的便携式土壤水分温度速测仪测定土壤体积含水量及温度指标。试验期间，分两次采集环刀样品，每个处理采集 3 个重复样品，分析土壤水分含量、容重、总孔隙度、毛管孔隙度、田间持水量、饱和持水量、土壤水分特征曲线等土壤物理指标。土壤体积含水量、容重采用烘干法测定。毛管孔隙度、非毛管孔隙度、总孔隙度和毛管持水量的计算方法分别为

$$毛管孔隙度(\%)=毛管持水量×土壤容重 \tag{5.1}$$

$$非毛管孔隙度(\%)=总孔隙度-毛管孔隙度 \tag{5.2}$$

$$总孔隙度(\%)=(1-土壤容重/土壤比重)×100 \tag{5.3}$$

$$毛管持水量(\%)=(环刀内水分重量/环刀内干土质量)×100 \tag{5.4}$$

表 5.1　　　　　　　　　盆 栽 试 验 布 设

处理编号	处理措施	用　量
1	空白对照（不采取任何措施）	0
2	秸秆覆盖	$0.4kg/m^2$
		$0.6kg/m^2$
		$0.8kg/m^2$
		$1.0kg/m^2$
		$1.2kg/m^2$

续表

处理编号	处理措施	用 量
3	秸秆还田	$0.4kg/m^2$
		$0.6kg/m^2$
		$0.8kg/m^2$
		$1.0kg/m^2$
		$1.2kg/m^2$
4	生物炭	$0.4kg/m^2$
		$0.6kg/m^2$
		$0.8kg/m^2$
		$1.0kg/m^2$
		$1.2kg/m^2$
5	保水剂	$40g/m^2$
		$60g/m^2$
		$80g/m^2$
		$100g/m^2$
		$120g/m^2$
6	有机肥	$0.4kg/m^2$
		$0.6kg/m^2$
		$0.8kg/m^2$
		$1.0kg/m^2$
		$1.2kg/m^2$

土壤田间持水量、土壤凋萎含水量均由水分特征曲线计算得出,凋萎系数按最大吸湿水的 1.5 倍计算。

土壤有效水含量的计算公式为

$$土壤有效水含量(cm^3/cm^3)=土壤田间持水量(cm^3/cm^3)$$
$$-土壤凋萎含水量(cm^3/cm^3) \qquad (5.5)$$

土壤蓄水量的计算公式为

$$W_A = W_C + W_O \qquad (5.6)$$

式中:W_A 为土壤蓄水量,mm;W_C、W_O 分别为毛管蓄水量和非毛管蓄水量,mm。

W_C 和 W_O 的计算公式分别为

$$W_C = 10^3 \times h \times P_c \times r_w \qquad (5.7)$$

$$W_O = 10^4 \times h \times P_o \times r_w \tag{5.8}$$

式中：h 为土层深度，m；P_c、P_o 分别为毛管孔隙度、非毛管孔隙度，%；r_w 为水容重，t/m^3。

5.1.2 土壤水分原位监测试验

1. 坡耕地试验区

选择江西水土保持生态科技园一期坡耕地试验区为研究对象，共布设 12 个 20m（长）×5m（宽）的标准径流小区，小区编号为 1～12（图 5.1），水平投影面积为 100m²，坡度均为 10°。依据当地坡耕地的农作物特点，试验设计种植花生和油菜代表性坡地旱作物，采用花生＋油菜轮作模式；12 个坡

（a）1-1小区
顺坡耕作＋稻草覆盖

（b）1-2小区
顺坡耕作

（c）1-3小区
顺坡耕作＋稻草覆盖

（d）1-4小区
顺坡耕作＋植物篱

（e）1-5小区
顺坡耕作

（f）1-6小区
裸露对照

（g）1-7小区
顺坡耕作＋植物篱

（h）1-8小区
横坡垄作

（i）1-9小区
裸露对照

（j）1-10小区
顺坡耕作

（k）1-11小区
横坡垄作

（l）1-12小区
顺坡耕作＋植物篱

图 5.1 坡耕地保护型耕作措施试验小区

耕地径流小区（小区编号为 1～12）分为 5 个试验处理：裸露对照、顺坡耕作、顺坡耕作＋植物篱、横坡垄作、顺坡耕作＋稻草覆盖，每个处理重复 2～3 次，随机排列。除了对照小区外，每个小区于每年 4 月底至 5 月初播种花生，8 月上旬至中旬收获，生长期为 4 个月；于 9 月中下旬种植油菜，4 月底至 5 月初收获，生长期为 7 个月。垄作小区的花生以一垄双行、株行距为 20cm×30cm 种植；顺坡耕作小区的花生除不起垄外，其他与顺坡耕作小区相同。在每次天然降雨结束后，采集产流量以及泥沙含量数据。通过分析野外径流小区以不同措施应对红壤季节性干旱的效果，增加降雨入渗、减少水分蒸发等抗旱保墒成效。

2. 微型试验小区

试验共布设 12 个小区，宽度为 2m，水平投影长度为 5m，面积为 10m^2，坡度为 8°，微型试验小区如图 5.2 所示。每个小区埋设 4 个传感器，埋设位置

（a）顺坡耕作＋秸秆还田

（b）地膜覆盖

（c）深翻耕＋秸秆覆盖

（d）顺坡耕作＋秸秆覆盖

（e）横坡垄作

（f）顺坡耕作

图 5.2　微型试验小区

为距离小区坡顶 1.5m、3.5m 处,深度分别为 20cm、40cm。分别采取顺坡耕作、顺坡耕作+秸秆覆盖、深翻耕+秸秆覆盖、顺坡耕作+秸秆还田、横坡垄作、地膜覆盖措施处理,每个处理 2 次重复。秸秆覆盖在花生种植时采用油菜秸秆覆盖,等面积秸秆覆盖,油菜种植时花生秸秆覆盖,油菜种植面积的 1.5 倍花生秸秆覆盖,横坡垄作的垄面宽 70cm,畦沟宽 25~30cm,高度 12cm,一垄三行。

5.2 土壤水库扩容技术及其效应

针对红壤持蓄水能力弱、有效水含量低等特点,利用土培、土槽及野外径流小区等试验手段筛选能够有效改良土壤结构,添加改良剂提高红壤持蓄水能力,并确定每种改良剂的适宜添加比例,总结提炼出基于土壤结构改良及水分库容提升的抗旱保墒关键技术。

5.2.1 土壤水分库容提升技术对表层土壤温度的影响

表层土壤温度是影响土壤含水率的重要指标之一。图 5.3 为季节性干旱条件不同水土保持措施下土壤温度对比情况。从该图可以看出,相比空白对照,采用有机肥、秸秆覆盖、添加保水剂、增施生物炭及采取秸秆还田措施均能够显著降低表层土壤温度,且表层土壤温度随改良剂用量的增加而整体呈现增加的趋势。以 2019 年 9 月 24 日监测数据为例,空白对照表层土壤温度为 35.7℃,而各处理最低用量即 0.4kg/m² 有机肥、0.4kg/m² 秸秆覆盖、40g/m² 保水剂、0.4kg/m² 生物炭、0.4kg/m² 秸秆还田措施下表层土壤温度分别为 (32.5±0.3)℃、(32.2±2.1)℃、(32.1±1.5)℃、(30.4±0.1)℃、(31.5±0.3)℃,分别比空白对照低 3.2℃、3.5℃、3.6℃、5.3℃和 4.2℃,降幅分别约为 9.0%、9.8%、10.1%、14.8%和 11.8%。随着改良剂用量的进一步提高,表层土壤温度进一步降低,其中表层土壤温度降低比例最显著的为 1.2kg/m² 秸秆覆盖量下,该措施下表层土壤温度降至 (28.7±0.2)℃,比空白对照低 7.0℃,降幅约达 19.6%。

秸秆覆盖量小于 1.0kg/m² 时土壤体积含水量随着秸秆覆盖量的增加而呈现逐渐增加的趋势($p < 0.05$),在秸秆覆盖量为 1.0kg/m² 时达到最大值;秸秆覆盖量为 1.0kg/m² 和 1.2kg/m² 时,土壤体积含水量没有显著差异(图 5.4)。土壤温度随秸秆覆盖量的增加呈现类似于土壤体积含水量的变化规律,即秸秆覆盖量小于 1.0kg/m² 时土壤温度随着秸秆覆盖量的增加而呈现逐渐降低的趋势($p < 0.05$),在秸秆覆盖量为 1.0kg/m² 时达到最大值;秸秆

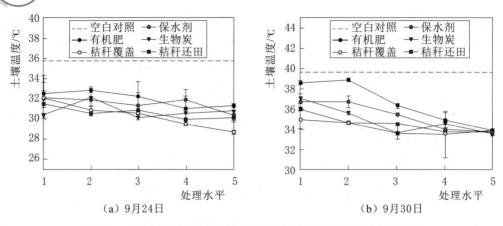

图 5.3　季节性干旱条件不同水保措施下土壤温度对比情况

覆盖量为 1.0kg/m² 和 1.2kg/m² 时，土壤温度没有显著差异。结果表明，秸秆覆盖最佳用量为 1.0kg/m²。生物炭用量为 0.4kg/m²、0.6kg/m²、0.8kg/m² 时土壤体积含水量不存在显著差异（$p > 0.05$）；生物炭用量达到 1.0kg/m² 时，土壤体积含水量要显著高于生物炭用量为 0.4kg/m²、0.6kg/m²、0.8kg/m² 时（$p < 0.05$）。

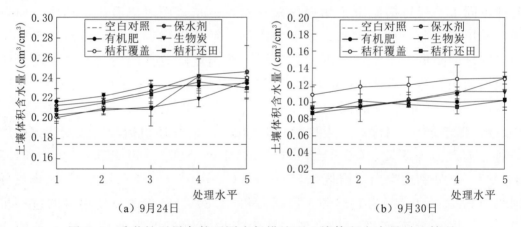

图 5.4　季节性干旱条件不同水保措施下土壤体积含水量对比情况

5.2.2　土壤水分库容提升技术对表层土壤水分含量的影响

从图 5-5 可以看出，与表层土壤温度相反，相比较于空白对照，采用有机肥、秸秆覆盖、添加保水剂、增施生物炭及采取秸秆还田措施均能够显著提高土壤含水量，且土壤体积含水量增加幅度随改良剂用量的增加而整体呈现增加的趋势。以 2019 年 9 月 24 日监测数据为例，空白对照土壤体积含水量为（0.162 ± 0.005）cm³/cm³，而各处理最低用量即 0.4kg/m² 有机肥、0.4kg/m² 秸秆覆盖、40g/m² 保水剂、0.4kg/m² 生物炭、0.4kg/m² 秸秆还田措施下表层土壤体积含水量分别为（0.216±0.013）cm³/cm³、（0.201±0.006）cm³/cm³、（0.213±0.003）cm³/cm³、（0.203±0.003）cm³/cm³、（0.207±0.010）cm³/cm³，分别比空白对照提高0.054cm³/cm³、0.039cm³/cm³、0.051cm³/cm³、0.041cm³/cm³和0.045cm³/cm³，提高幅度分别为33.3%、24.1%、31.5%、25.3%和27.8%。随着改良剂用量的增加表层土壤体积含水量进一步增加，其中表层土壤体积含水量提高最显著的为120g/m²保水剂用量下，该措施下表层土壤体积含水量提高至（0.246±0.026）cm³/cm³，比空白对照高0.084cm³/cm³，增幅约达51.9%。

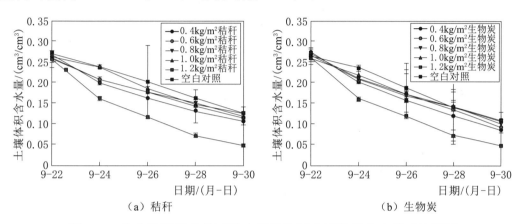

图5.5　季节性干旱条件不同水保措施下土壤体积含水量对比情况

以上研究结果表明，采用有机肥、秸秆覆盖、添加保水剂、添加生物炭及采取秸秆还田措施均能够显著降低表层土壤温度及表层土壤蒸发量，进而提高土壤体积含水量，具有明显的抗旱保墒能力，其中秸秆覆盖的抗旱保墒能力最强。秸秆覆盖可以降低表层土壤的蒸发量，提高土壤体积含水量，与前人的研究结果一致。

5.2.3　土壤水分库容提升技术对表层土壤水分性质的影响

表5.2显示的是不同处理下表层土壤田间持水量和饱和持水量。结果表明，空白对照（未采取任何措施）的土壤田间持水量为（0.25±0.0044）cm³/cm³，而采取水保措施后土壤田间持水量均显著提高（图5.6，$p<0.05$）。各处理最低用量即0.4kg/m²有机肥、0.4kg/m²秸秆覆盖、40g/m²保水剂、0.4kg/m²生物炭、0.4kg/m²秸秆还田措施下表层土壤田间持水量分别为（0.33±0.01）cm³/cm³、（0.29±0.021）cm³/cm³、（0.31±0.01）cm³/cm³、（0.31±0.00）cm³/cm³、（0.29±0.00）cm³/cm³，分别比空白对照提高0.08cm³/cm³、0.04cm³/cm³、0.06cm³/cm³、0.06cm³/cm³和0.04cm³/cm³，

提高幅度分别为 32.0%、16.0%、24.0%、24.0% 和 16.0%。随着改良剂用量的进一步提高，表层土壤田间持水量进一步提高，其中表层土壤田间持水量提高最显著的为 1.2kg/m² 生物炭和 100g/m² 保水剂用量下，该措施下表层土壤田间持水量均达到 0.36cm³/cm³，比空白对照高 0.11cm³/cm³，增幅达 44.0%。

表 5.2　　　　　不同处理下表层土壤田间持水量和饱和持水量

处　　理	田间持水量（$n=3$）/（cm³/cm³）	饱和持水量（$n=3$）/（cm³/cm³）
空白对照	0.25±0.0044	0.46±0.02
0.4kg/m² 秸秆覆盖	0.29±0.021b	0.49±0.019c
0.6kg/m² 秸秆覆盖	0.30±0.0091a	0.53±0.023b
0.8kg/m² 秸秆覆盖	0.30±0.028a	0.50±0.022c
1.0kg/m² 秸秆覆盖	0.31±0.013a	0.54±0.091b
1.2kg/m² 秸秆覆盖	0.31±0.00a	0.56±0.01a
0.4kg/m² 生物炭	0.31±0.00d	0.48±0.02c
0.6kg/m² 生物炭	0.32±0.00c	0.53±0.01a
0.8kg/m² 生物炭	0.34±0.00b	0.48±0.00c
1.0kg/m² 生物炭	0.33±0.00b	0.51±0.00b
1.2kg/m² 生物炭	0.36±0.00a	0.53±0.00a
0.4kg/m² 秸秆还田	0.29±0.00c	0.40±0.01d
0.6kg/m² 秸秆还田	0.30±0.00b	0.44±0.01c
0.8kg/m² 秸秆还田	0.32±0.00a	0.46±0.01b
1.0kg/m² 秸秆还田	0.31±0.01ab	0.47±0.02a
1.2kg/m² 秸秆还田	0.31±0.00a	0.44±0.02c
0.4kg/m² 有机肥	0.33±0.01a	0.46±0.00c
0.6kg/m² 有机肥	0.31±0.01c	0.47±0.01b
0.8kg/m² 有机肥	0.31±0.00c	0.48±0.01b
1.0kg/m² 有机肥	0.32±0.00b	0.49±0.03a
1.2kg/m² 有机肥	0.32±0.00b	0.49±0.01a
40g/m² 保水剂	0.31±0.01c	0.48±0.02c
60g/m² 保水剂	0.30±0.01d	0.51±0.01b
80g/m² 保水剂	0.33±0.01b	0.50±0.02b
100g/m² 保水剂	0.36±0.02a	0.51±0.01b
120g/m² 保水剂	0.31±0.00c	0.58±0.02a

注：数字后不同字母表示差异显著。

空白对照（未采取任何措施）的土壤饱和含水量为（0.46±0.02)cm³/cm³（图5.7）。采取秸秆覆盖、增施生物炭、添加有机肥和保水剂措施均能够一定程度上提高土壤饱和含水量。秸秆还田措施对红壤饱和含水量的影响不显著。0.4kg/m² 有机肥、0.4kg/m² 秸秆覆盖、40g/m² 保水剂和 0.4kg/m² 生物炭用量下表层土壤饱和含水量分别为（0.46±0)cm³/cm³、（0.49±0.019)cm³/cm³、（0.48±0.02)cm³/cm³ 和（0.48±0.02)cm³/cm³，分别比空白对照提高 0cm³/cm³、0.03cm³/cm³、0.02cm³/cm³ 和 0.02cm³/cm³，提高幅度分别约为 0、6.5%、4.3% 和 4.3%。随着改良剂用量的进一步提高，表层土壤饱和含水量进一步提高。对土壤饱和含水量影响最显著的是120g/m² 保水剂用量下，该措施下土壤饱和含水量达到（0.58±0.02)cm³/cm³，比对照提高 0.12cm³/cm³，提高幅度约达 26.1%；其次是秸秆覆盖量为 1.2kg/m² 时，该措施下土壤饱和含水量达到（0.56±0.01）kg/m²，比对照提高 0.10cm³/cm³，提高幅度约达 21.7%。

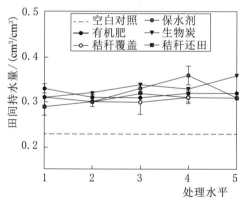

图5.6　不同措施下土壤田间
持水量变化情况

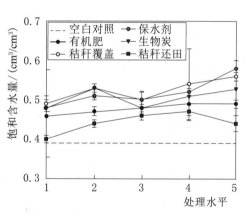

图5.7　不同措施下土壤饱和
持水量变化情况

5.2.4　土壤水分库容提升技术对土壤孔隙状况的影响

土壤孔隙状况影响着土壤通气、透水及根系的生长发育等，是土壤结构的重要指标之一。表5.3显示的是不同处理下表层土壤毛管孔隙度、非毛管孔隙度和总孔隙度。从该表可以看出，未采取任何措施（空白对照）时红壤毛管孔隙度、非毛管孔隙度和总孔隙度依次为（20.14±0.55)%、（3.99±0.75)% 和（24.20±1.40)%。

采用不同用量生物炭、有机肥和保水剂后土壤毛管孔隙度均显著提高（$p<0.05$），变化情况如图5.8所示，而不同的秸秆覆盖量和秸秆还田用量对

土壤毛管孔隙度的影响不显著（$p>0.05$）。0.4kg/m^2 生物炭用量下土壤毛管孔隙度为（20.55±0.40)％，比空白对照高 0.41％，提高幅度约为 2.0％，随着生物炭用量的提高，土壤毛细管孔隙度进一步增加，生物炭用量提高到 0.8kg/m^2 时达到最大值（21.16±0.46)％，比空白对照高 1.02％，提高幅度约为 5.1％，随着生物炭用量的进一步提高，土壤毛管孔隙度反而有所降低，可能原因是过多的生物炭将土壤毛管孔隙堵塞了，故而其毛管孔隙度有所降低。0.4kg/m^2 有机肥用量下土壤毛管孔隙度为（20.67±0.31)％，比空白对照高 0.53，提高幅度约为 2.6％，随着有机肥用量的提高，土壤毛细管孔隙度进一步增加，有机肥用量提高到 0.8kg/m^2 时达到最大值（21.18±0.62)％，比空白对照高 1.04％，提高幅度约为 5.2％，随着生物炭用量的进一步提高，土壤毛管孔隙度反而有所降低。40g/m^2 保水剂用量下土壤毛管孔隙度为（21.04±0.39)％，比空白对照高 0.90％，提高幅度约为 4.5％，随着保水剂用量的提高，土壤毛细管孔隙度进一步增加，保水剂用量提高到 120g/m^2 时达到最大值（21.47±0.91)％，比空白对照高 1.33％，提高幅度约为 6.6％。相同用量下，不同措施对土壤毛管孔隙度的提高效果按照大小顺序排列依次为保水剂＞有机肥＞生物炭。

表 5.3　　不同处理下表层土壤毛管孔隙度、非毛管孔隙度和总孔隙度

处　　理	毛管孔隙度 （$n=3$)/％	非毛管孔隙度 （$n=3$)/％	总孔隙度 （$n=3$)/％
空白对照	20.14±0.55	3.99±0.75	24.20±1.40
0.4kg/m^2 秸秆覆盖	20.20±0.31a	4.55±0.54c	24.75±1.24c
0.6kg/m^2 秸秆覆盖	19.86±0.33ab	12.80±1.04b	32.66±0.55b
0.8kg/m^2 秸秆覆盖	19.78±0.49b	13.25±0.98b	34.03±4.43b
1.0kg/m^2 秸秆覆盖	19.98±0.21b	12.45±0.79b	32.43±4.54b
1.2kg/m^2 秸秆覆盖	19.58±0.41b	18.15±1.43a	37.73±3.88a
0.4kg/m^2 生物炭	20.55±0.40c	15.89±1.01a	26.48±1.43c
0.6kg/m^2 生物炭	21.09±0.39a	4.99±0.45c	26.08±0.74c
0.8kg/m^2 生物炭	21.16±0.46a	7.35±0.63b	28.51±0.59bc
1.0kg/m^2 生物炭	20.91±0.43b	7.10±1.27b	28.01±3.47b
1.2kg/m^2 生物炭	20.83±0.43b	16.05±1.56a	36.88±1.04a

续表

处　理	毛管孔隙度 ($n=3$)/%	非毛管孔隙度 ($n=3$)/%	总孔隙度 ($n=3$)/%
0.4kg/m² 秸秆还田	18.53±0.15a	15.91±0.86c	34.44±2.50c
0.6kg/m² 秸秆还田	19.09±1.97a	16.33±1.37c	35.42±2.82b
0.8kg/m² 秸秆还田	17.65±1.06ab	19.15±1.36b	36.80±2.57b
1.0kg/m² 秸秆还田	16.57±2.22b	25.50±0.38a	42.07±0.76a
1.2kg/m² 秸秆还田	17.47±0.87ab	21.64±1.64b	39.11±2.85ab
0.4kg/m² 有机肥	20.67±0.31b	6.69±1.38a	27.36±1.48a
0.6kg/m² 有机肥	21.13±1.08ab	6.82±0.92a	27.95±1.08a
0.8kg/m² 有机肥	21.18±0.62a	7.07±1.37a	28.25±1.07a
1.0kg/m² 有机肥	20.69±0.19b	7.88±0.58a	28.57±1.52a
1.2kg/m² 有机肥	20.53±0.37b	6.70±0.81a	27.23±1.65a
40g/m² 保水剂	21.04±0.39ab	5.53±1.14b	26.57±4.40b
60g/m² 保水剂	21.26±0.40ab	5.91±0.86b	27.17±3.37b
80g/m² 保水剂	20.83±0.42b	6.39±0.92b	27.22±1.61b
100g/m² 保水剂	20.85±0.69b	9.23±1.37a	30.08±1.94a
120g/m² 保水剂	21.47±0.91a	7.58±2.01ab	29.05±1.21a

注：数字后不同字母表示差异显著。

采用不同用量有机肥、秸秆覆盖、保水剂、生物炭和秸秆还田措施后土壤非毛管孔隙度均显著提高（$p<0.05$），变化情况如图5.9所示。0.4kg/m² 秸秆覆盖量下土壤非毛管孔隙度为（4.55±0.54）%，比空白对照高0.56%，提高幅度约为14.0%，随着秸秆覆盖量的提高，土壤非毛细管孔隙度进一步增加，秸秆覆盖量提高到1.2kg/m² 时达到最大值（18.15±1.43）%，比空白对照高14.16%，提高幅度约为354.9%。不同用量生物炭措施下土壤非毛管孔隙度均显著增加，土壤非毛管孔隙度增加量范围为1.00%～12.06%，提高比例范围为25.1%～302.2%，提高幅度最大的为1.2kg/m² 生物炭用量下。0.4kg/m² 秸秆还田用量下土壤非毛管孔隙度为（15.91±0.86）%，比空白对照高11.92%，提高幅度约为298.7%，随着秸秆还田用量的提高，土壤非毛细管孔隙度进一步增加，秸秆还田用量提高到1.0kg/m² 时达到最大值

(25.50±0.38)％，比空白对照高 21.51％，提高幅度约为 539.1％。0.4kg/m² 有机肥用量下土壤非毛管孔隙度为（6.69±1.38)％，比空白对照高 2.70％，提高幅度约为 67.7％，随着有机肥用量的提高，土壤非毛细管孔隙度进一步增加，有机肥用量提高到 1.0kg/m² 时达到最大值，为（7.88±0.58)％，比空白对照高 3.89％，提高幅度约为 97.5％，随着有机肥用量的进一步提高，土壤非毛管孔隙度反而有所降低。40g/m² 保水剂用量下土壤非毛管孔隙度为（5.53±1.14)％，比空白对照高 1.54％，提高幅度约为 38.6％，随着保水剂用量的提高，土壤非毛细管孔隙度进一步增加，保水剂用量提高到 100g/m² 时达到最大值（9.23±1.37)％，比空白对照高 5.24％，提高幅度约为 131.3％。不同措施对土壤毛管孔隙度的提高效果按照大小顺序排列依次为秸秆还田＞秸秆覆盖＞生物炭＞保水剂≈有机肥。

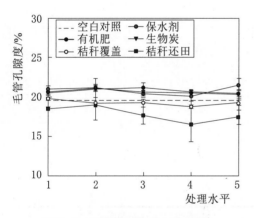

图 5.8　不同措施下土壤毛管
孔隙度变化情况

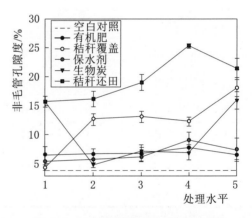

图 5.9　不同措施下土壤非毛管
孔隙度变化情况

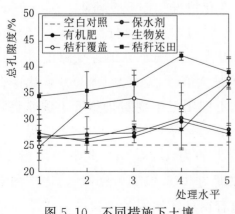

图 5.10　不同措施下土壤
总孔隙度变化情况

采用不同用量有机肥、秸秆覆盖、保水剂、生物炭和秸秆还田措施后土壤总孔隙度均显著提高（$p<0.05$），变化情况如图 5.10 所示。0.4kg/m² 秸秆覆盖量下土壤总孔隙度为 24.75％±1.24％，比空白对照高 0.55％，提高幅度约为 2.3％，随着秸秆覆盖量的提高，土壤总孔隙度进一步增加，秸秆覆盖量达到 1.2kg/m² 时达到最大值（37.73±3.88)％，比空白对照高 13.53％，提高幅

度约为 55.9%。0.4kg/m² 生物炭用量下土壤总孔隙度为（26.48±1.43）%，比空白对照高 2.28%，提高幅度约为 9.4%，随着生物炭用量的提高，土壤总孔隙度进一步增加，生物炭用量提高到 1.2kg/m² 时达到最大值（36.88±1.04）%，比空白对照高 12.68%，提高幅度约为 52.4%。0.4kg/m² 秸秆还田用量下土壤总孔隙度为（34.44±2.50）%，比空白对照高 10.24%，提高幅度约为 42.3%，随着秸秆还田用量的提高，土壤总孔隙度进一步增加，秸秆还田用量提高到 1.0kg/m² 时达到最大值（42.07±0.76）%，比空白对照高 17.87%，提高幅度约为 73.8%，秸秆还田用量进一步提高至 1.2kg/m² 时，土壤总孔隙度反而有所降低，主要原因可能是过多的秸秆使得一部分土壤孔隙被堵塞。0.4kg/m² 有机肥用量下土壤总孔隙度为（27.36±1.48）%，比空白对照高 3.16%，提高幅度约为 13.1%，随着有机肥用量的提高，土壤总孔隙度进一步增加，有机肥用量提高到 1.0kg/m² 时达到最大值（28.57±1.52）%，比空白对照高 4.37%，提高幅度为 17.9%，有机肥用量进一步提高至 1.2kg/m² 时，土壤总孔隙度反而有所降低。40g/m² 保水剂用量下土壤总孔隙度为（26.57±4.40）%，比空白对照高 2.37%，提高幅度约为 9.8%，随着保水剂用量的提高，土壤总孔隙度进一步增加，保水剂用量提高到 100g/m² 时达到最大值（30.08±1.94）%，比空白对照高 5.88%，提高幅度约为 24.3%，保水剂用量进一步提高，土壤总孔隙度反而有所降低。不同措施对土壤毛管孔隙度的提高效果按照大小顺序排列依次为秸秆还田＞秸秆覆盖＞生物炭＞保水剂≈有机肥，与土壤非毛管孔隙度规律类似。

5.2.5 土壤水分库容提升技术对土壤水分特征曲线的影响

以基质吸力为横坐标，以体积含水量为纵坐标绘制得到不同用量生物炭下红壤水分特征曲线（图 5.11）。从该图可以看出，不同用量生物炭下红壤水分特征曲线均分为 2 个阶段，第一个阶段随着基质吸力的增大，土体的含水率随基质吸力的增大而迅速减小；土壤含水率减少到一定程度后，残留的孔隙水只能存在于小孔隙中，土体的含水率随基质吸力的增加而降低的速率显著下降。不同用量生物炭下红壤水分特征曲线存在明显差异，

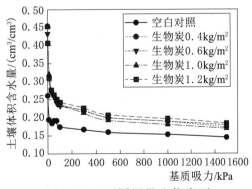

图 5.11 不同用量生物炭下土壤水分特征曲线

呈现出不同的降低速率，曲线斜率（降低速率）表现出空白＞0.6kg/m² 生物炭＞1.0kg/m² 生物炭＞1.2kg/m² 生物炭的规律。这说明，向土壤中添加一定的生物炭能够显著提高土壤保水能力，且持水能力随着生物炭用量的增加而提高。

表 5.4 显示的是不同生物炭用量下土壤水分特征 Van Genuchten 模型拟合参数。拟合方程相关系数平方的均值达到 0.971，不同生物炭用量下土壤水分特征用征 Van Genuchten 模型效果较好。由表 5.4 可知，参数的 α 差异较大，为 0.699～2.733，呈现出随着生物炭用量的提高，先增大后降低再增大的趋势，在 1.2kg/m² 生物炭用量下达到最大值，说明生物炭添加对土体内部孔隙数量具有显著的影响作用，随着生物炭用量的提高，土体内部孔隙数量显著减少，空气更难以冲破水膜进入土体，土体的进气值增大；参数 n 差异不大，为 1.028～1.213，随着生物炭用量的提高呈现先增加后降低的趋势，在 0.6kg/m² 生物炭用量下达到最大值，说明随着生物炭用量的提高，土体中孔隙分布均匀程度呈现先增加后降低的趋势。

表 5.4 不同生物炭用量下土壤水分特征 Van Genuchten 模型拟合参数

生物炭用量 /(kg/m²)	θ_r	θ_s	α	n	m	R^2
0	0.010	0.43	—	1.028	0.027	0.892
0.4	0.084	0.48	0.699	1.188	0.158	0.989
0.6	0.11	0.53	0.859	1.213	0.176	0.998
1.0	0.054	0.49	0.705	1.169	0.145	0.991
1.2		0.53	2.733	1.10	0.090	0.984

残余含水率为 0.010～0.11，亦呈现出随着生物炭用量的提高而先增加后降低的趋势，在 0.6kg/m² 生物炭用量下达到最大值，说明随着生物炭用量的提高，红壤持水能力呈现先增加后降低的趋势，在 0.6kg/m² 生物炭用量下红壤持水能力达到最大值。

5.3 蓄水减流技术及其效应

5.3.1 减流效应

通过对 2015—2018 年 4 年的坡耕地裸地、顺坡耕作、顺坡耕作＋植物篱、横坡耕作、稻草覆盖 5 种处理下年均径流深进行定位观测（图 5.12），可知径流深从大到小依次为裸地、顺坡耕作、顺坡耕作＋植物篱、稻草覆盖、横坡耕作；顺坡耕作相对裸地对照处理的减流效益为 32.56%，说明种植农作物后增加了地表覆盖，可以显著减少地表径流的作用；顺坡耕作＋植物篱、稻草覆盖、横坡耕作相对顺坡耕作的减流效益分别为 49.38%、76.27%、81.17%，坡耕地水土保持措施可以起到蓄水减流的作用，减流效益依次为横坡耕作、稻草覆盖、顺坡耕作＋植物篱。

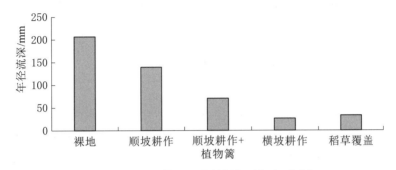

图 5.12　坡耕地不同措施下年径流深

通过对 2015—2018 年 4 年的顺坡耕作＋植物篱、横坡耕作、稻草覆盖与顺坡耕作对比，分析不同措施的减流效益，水土保持措施的减流效益与最大 30min 雨强 I_{30} 的关系如图 5.13 所示，总体上水土保持措施的减流效应随着 I_{30} 的增大均呈增大的趋势，减流效应的变异系数随着 I_{30} 的增大均呈减小的趋势；在 I_{30} 小于 20mm/h 时，水土保持措施的减流效益波动性最大，甚至存在负效应，减流效应在 −45%～100% 之间，顺坡耕作＋植物篱、横坡耕作、稻草覆盖的减流效应的变异系数分别为 77.6%、117.4%、69.3%；I_{30} 大于 20mm/h 后坡耕地水土保持措施没有负减流效应，I_{30} 在 20～40mm/h 时，水土保持措施减流效应在 2.1%～94.9% 之间波动，顺坡耕作＋植物篱、横坡耕作、稻草覆盖减流效应的变异系数分别为 34.5%、47.8%、28.6%；I_{30} 大于 40mm/h 后，坡耕地水土保持措施减流效应在 39.5%～95.7% 之间波动，顺坡耕作＋植物篱、横坡耕作、稻草覆盖减流效应的变异系数分别为 24.3%、11.4%、19.0%。

通过对 2019 年的顺坡耕作、横坡垄作＋地膜覆盖、顺坡耕作＋秸秆覆盖、顺坡耕作＋秸秆还田、深翻耕＋秸秆覆盖径流深进行对比（图 5.14），可知顺坡耕作、横坡垄作＋地膜覆盖、顺坡耕作＋秸秆覆盖、顺坡耕作＋秸秆还田、深翻耕＋秸秆覆盖径流深依次减小，相对顺坡耕作，横坡垄作＋地膜

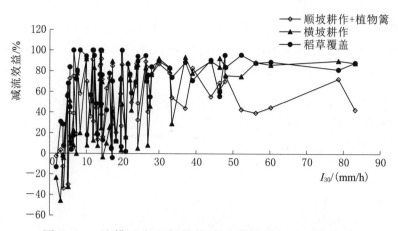

图 5.13　坡耕地水土保持措施减流效益与 I_{30} 的关系

覆盖、顺坡耕作＋秸秆覆盖、顺坡耕作＋秸秆还田、深翻耕＋秸秆覆盖减流效益分别为 1.03％、4.45％、13.41％、16.20％，表明新建试验区顺坡耕作＋秸秆还田、深翻耕＋秸秆覆盖才有明显的减流作用。

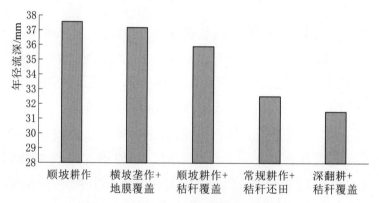

图 5.14　不同水土保持措施年径流深

5.3.2　蓄水效应

2015 年、2016 年、2017 年坡耕地试验区 13 号小区蓄水池累积效益如图 5.15 所示，可知不同年份蓄水池累积蓄水量随着月份的增大而不断增加，2015 年、2016 年、2017 年累积蓄水量分别为 35.6m³、45.3m³、50.5m³；2015 年蓄水池蓄水主要由两场降雨导致，8 月 19 日降雨量为 125.4mm，蓄水池增加蓄水 3.44m³，9 月 5 日降雨量为 70mm，蓄水池水量增加 6.12m³；2016 年蓄水池蓄水主要由一场降雨导致，6 月 30 日至 7 月 5 日降雨量达 385mm，蓄水池水量增加 26.7m³；2017 年蓄水池蓄水增加比较平稳。

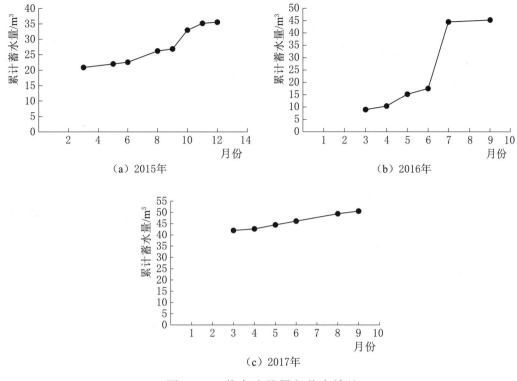

图 5.15　蓄水池月累积蓄水效益

5.4　减蒸保墒技术及其效应

南方红壤丘陵区降雨时空分布不均，少雨季节与强蒸发、高温时期叠合，形成典型的季节性干旱气候（7—9月），采用土槽试验（人工模拟降雨）及野外径流小区（天然降雨）相结合的方法，研发植物篱、秸秆覆盖、地膜覆盖和深翻耕等技术，通过就地拦蓄降雨增加入渗、减少雨水径流流失、降低地表温度以减少蒸发等途径，总结提炼基于增入渗-抑蒸发的抗旱保墒关键技术。

5.4.1　减蒸保墒技术的储水效果

图 5.16 显示的是花生不同生长期坡耕地土壤（20cm）体积含水量对降雨的响应。不同生长期坡耕地上、下坡 20cm 深度土壤含水量在降雨后的变化幅度均表现为收获期≈结荚期＞盛花期＞出苗期＞翻耕期（$p<0.01$）。顺坡耕作措施下，花生不同生长期坡耕地上、下坡位浅层土壤体积含水量对降雨的响应规律差异较大，翻耕期上坡位 20cm 深度土壤体积含水量降雨前后变化幅

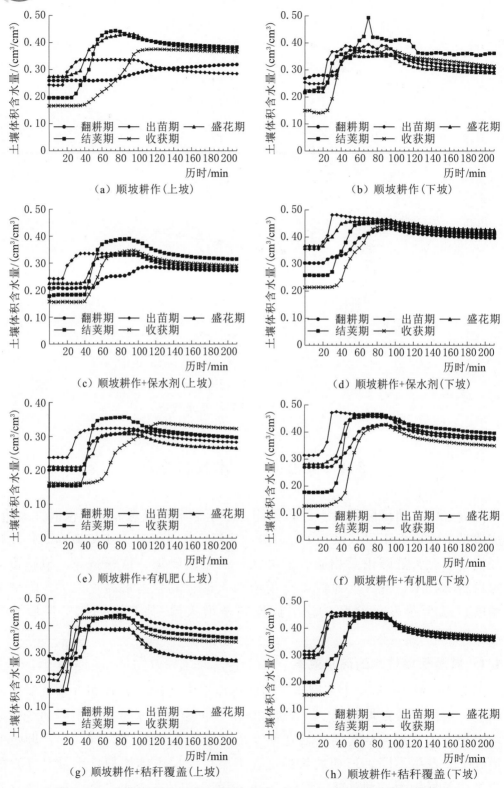

图 5.16　花生不同生长期坡耕地土壤（20cm）含水量对降雨的响应

度较小（降雨后提升幅度约 20%），且增速缓慢，而下坡位 20cm 深度土壤体积含水量变化幅度较大（降雨后变化幅度达 38%）。出苗期顺坡耕作措施小区上、下坡位 20cm 深度土壤体积含水量在降雨后的变化幅度分别为 38% 和 52%，均显著高于翻耕期（$p<0.01$）。与此同时，出苗期顺坡耕作措施小区上、下坡位 20cm 深度土壤体积含水量分别于降雨后 40min、45min 达到最大值，比翻耕期 20cm 深度土壤体积含水量达到峰值的时间显著提前。盛花期和结荚期顺坡耕作措施小区上、下坡位 20cm 深度土壤体积含水量变化趋势相似，均表现为降雨开始后逐渐增加，降雨结束后（90min 后）则呈现一定程度的降低，但结荚期 20cm 深度土壤体积含水量变化幅度显著高于盛花期（$p<0.01$）。

收获期顺坡耕作措施小区上、下坡位 20cm 深度土壤体积含水量均呈现大幅提升趋势，增幅均超过 100%，且降雨结束后衰减幅度较慢。类似于顺坡耕作小区，保水剂＋顺坡耕作措施小区不同生长期 20cm 深度土壤体积含水量降雨后的提高幅度亦呈现为收获期≈结荚期＞盛花期＞出苗期＞翻耕期（$p<0.01$）。出苗期保水剂＋顺坡耕作措施小区 20cm 深度土壤体积含水量对降雨的响应最快，且达到峰值的时间也最短。

花生不同生长期有机肥＋顺坡耕作措施小区 20cm 深度土壤体积含水量在人工模拟降雨后均呈现较大幅度的提高。该小区上、下坡位 20cm 深度土壤体积含水量在不同花生生长期的降雨响应规律相差较大。其中，结荚期小区上坡位 20cm 深度土壤体积含水量在降雨后的提高幅度最高，收获期次之，而出苗期最低，翻耕期与盛花期 20cm 深度土壤体积含水量变化幅度类似。小区下坡位 20cm 深度土壤体积含水量在降雨后的提高幅度则表现为结荚期≈收获期＞盛花期＞出苗期≈翻耕期（$p<0.01$）。

花生不同生长期稻草覆盖＋深翻耕小区上坡位 20cm 深度土壤体积含水量对人工模拟降雨的响应规律相似，总体表现为结荚期≈收获期＞出苗期≈盛花期＞翻耕期（$p<0.01$）。花生不同生长期稻草覆盖＋深翻耕小区下坡位 20cm 深度土壤体积含水量降雨前差异较大，但人工模拟降雨后相差较小。

翻耕期不同水保措施小区上坡位 20cm 深度土壤体积含水量在降雨后的变化幅度表现为秸秆覆盖＋深翻耕＞有机肥＋顺坡耕作＞保水剂＋顺坡耕作＞顺坡耕作，而下坡位 20cm 深度土壤体积含水量表现为秸秆覆盖＋深翻耕＞有机肥＋顺坡耕作≈保水剂＋顺坡耕作＞顺坡耕作（$p<0.01$）其对降雨的响应如图 5.17 所示。在翻耕期，顺坡耕作措施小区上坡位 20cm 深度土壤体积含水量在人工模拟降雨开始后 70min 基本没有明显变化，70min 后才开始呈现缓慢增长趋势。相比之下，顺坡耕作措施小区下坡位 20cm 深度土壤体积含水量在人工模拟降雨开始后即开始增加，在降雨后 50min 即达到最大值，从降

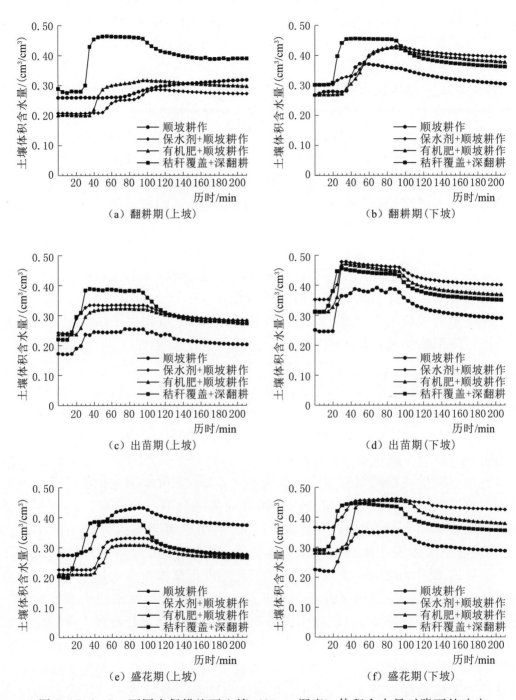

（a）翻耕期（上坡）　　　　　　　　（b）翻耕期（下坡）

（c）出苗期（上坡）　　　　　　　　（d）出苗期（下坡）

（e）盛花期（上坡）　　　　　　　　（f）盛花期（下坡）

图 5.17（一）　不同水保措施下土壤（20cm 深度）体积含水量对降雨的响应

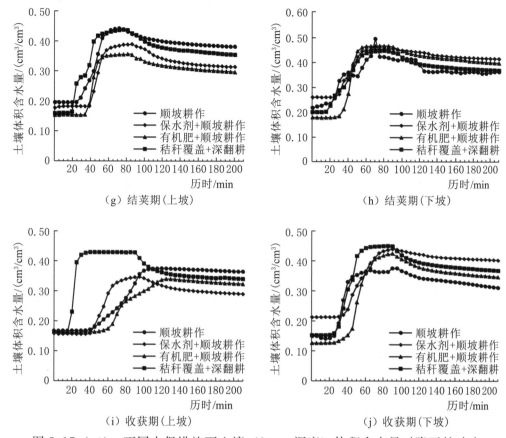

图 5.17（二） 不同水保措施下土壤（20cm 深度）体积含水量对降雨的响应

雨前的 $0.269\text{cm}^3/\text{cm}^3$ 提高至 $0.373\text{cm}^3/\text{cm}^3$，增加 $0.104\text{cm}^3/\text{cm}^3$，增幅约达 38.7%（表 5.5）。50min 后顺坡耕作措施小区下坡位 20cm 深度土壤体积含水量呈现逐渐降低趋势。保水剂＋顺坡耕作措施小区上、下坡位 20cm 深度土壤体积含水量在人工模拟降雨后均呈现较大幅度提升，其中，上坡位从 $0.208\text{cm}^3/\text{cm}^3$ 提高至 $0.286\text{cm}^3/\text{cm}^3$，增加 $0.078\text{cm}^3/\text{cm}^3$，增幅达 37.5%；下坡位从 $0.304\text{cm}^3/\text{cm}^3$ 提高至 $0.432\text{cm}^3/\text{cm}^3$，增加 $0.128\text{cm}^3/\text{cm}^3$，增幅约达 42.1%。保水剂＋顺坡耕作措施小区上、下坡位 20cm 深度土壤体积含水量分别于降雨开始后 110min、90min 达到峰值，后呈现缓慢降低趋势。有机肥＋顺坡耕作措施小区上、下坡位 20cm 深度土壤体积含水量在人工模拟降雨试验开始后 40min 均呈现较大幅度的提升，在降雨 90min（人工模拟降雨试验结束）达到峰值。下坡位 20cm 深度土壤体积含水量增加速度显著高于上坡位（$p<0.01$）。类似于有机肥＋顺坡耕作措施小区，秸秆覆盖＋深翻耕措施小区上、下坡位 20cm 深度土壤体积含水量在降雨后亦呈现大幅提升，降雨停止后则呈现一定幅度的下降。

表 5.5　花生不同生长期水保措施对红壤红坡耕地土壤保水效益的影响

生长期	降雨前后土壤体积含水量及提高幅度	顺坡耕作 ($n=3$)		保水剂＋顺坡耕作 ($n=3$)		有机肥＋顺坡耕作 ($n=3$)		秸秆覆盖＋深翻耕 ($n=3$)	
		上坡	下坡	上坡	下坡	上坡	下坡	上坡	下坡
翻耕期	降雨前土壤体积含水量/(cm^3/cm^3)	0.260±0.008	0.269±0.039	0.208±0.016	0.304±0.028	0.201±0.011	0.270±0.022	0.289±0.011	0.303±0.008
	降雨后最大体积含水量/(cm^3/cm^3)	0.319±0.016	0.373±0.018	0.286±0.020	0.432±0.025	0.317±0.010	0.427±0.014	0.464±0.015	0.457±0.009
	提高幅度/%	22.7	38.7	37.5	42.1	57.7	58.1	60.6	50.8
出苗期	降雨前土壤体积含水量/(cm^3/cm^3)	0.244±0.005	0.249±0.008	0.244±0.005	0.356±0.008	0.238±0.013	0.315±0.050	0.222±0.013	0.316±0.011
	降雨后最大体积含水量/(cm^3/cm^3)	0.336±0.038	0.395±0.002	0.336±0.026	0.482±0.012	0.324±0.009	0.475±0.012	0.390±0.005	0.460±0.011
	提高幅度/%	37.7	58.6	37.7	35.4	36.1	50.8	75.7	45.6
盛花期	降雨前土壤体积含水量/(cm^3/cm^3)	0.275±0.023	0.226±0.023	0.226±0.014	0.368±0.047	0.212±0.013	0.283±0.043	0.204±0.008	0.292±0.075
	降雨后最大体积含水量/(cm^3/cm^3)	0.432±0.030	0.352±0.004	0.331±0.020	0.463±0.035	0.309±0.013	0.459±0.039	0.389±0.004	0.447±0.040
	提高幅度/%	57.1	55.8	46.5	25.8	45.8	62.2	90.7	53.1
结荚期	降雨前土壤体积含水量/(cm^3/cm^3)	0.196±0.007	0.217±0.043	0.178±0.003	0.259±0.007	0.154±0.019	0.178±0.047	0.159±0.015	0.199±0.089
	降雨后最大体积含水量/(cm^3/cm^3)	0.444±0.006	0.494±0.020	0.391±0.005	0.453±0.040	0.357±0.010	0.466±0.036	0.439±0.023	0.456±0.012
	提高幅度/%	126.5	127.6	119.7	74.9	131.8	161.8	176.1	129.1
收获期	降雨前土壤体积含水量/(cm^3/cm^3)	0.167±0.007	0.214±0.038	0.158±0.013	0.214±0.008	0.162±0.022	0.127±0.005	0.163±0.022	0.153±0.033
	降雨后最大体积含水量/(cm^3/cm^3)	0.375±0.023	0.443±0.041	0.347±0.025	0.443±0.041	0.340±0.002	0.428±0.023	0.429±0.008	0.454±0.012
	提高幅度/%	124.6	107.0	119.6	107.0	109.9	237.0	163.2	196.7

花生出苗期不同水保措施小区上、下坡位 20cm 深度土壤体积含水量呈现相似的规律，即人工模拟降雨试验开始后 20min 呈现快速增加趋势，降雨结束后则呈现下降趋势。秸秆覆盖＋深翻耕小区 20cm 深度土壤体积含水量在降雨后的增幅最高，其他几种措施相差不大。花生盛花期，秸秆覆盖＋深翻耕小区 20cm 深度土壤体积含水量在降雨后 10min 即呈现快速增加的趋势，在降雨后 40min 即达到峰值，并随着持续降雨保持在峰值水平，降雨结束后以较快速度降低。有机肥＋顺坡耕作、保水剂＋顺坡耕作小区上坡位 20cm 深度土壤体积含水量对降雨的响应规律相似，但有机肥＋顺坡耕作小区下坡位 20cm 深度土壤体积含水量在降雨后的增长幅度要显著高于保水剂＋顺坡耕作小区。花生结荚期，不同水保措施小区上、下坡位 20cm 深度土壤体积含水量呈现相似的规律，均在降雨后 30min 开始增加，70min 左右达到峰值，70min 后开始逐渐降低。秸秆覆盖＋深翻耕小区 20cm 深度土壤体积含水量在降雨后的增幅最高，其他几种措施相差不大。花生收获期，不同水保措施小区上坡位 20cm 深度土壤体积含水量在降雨后的变化幅度表现为秸秆覆盖＋深翻耕＞保水剂＋顺坡耕作＞有机肥＋顺坡耕作≈顺坡耕作（$p < 0.01$）。花生收获期顺坡耕作措施小区下坡位 20cm 深度土壤体积含水量在降雨后的提高幅度要显著低于其他三种措施小区（$p < 0.01$）。

以上研究结果显示，秸秆覆盖＋深翻耕措施在提高红壤坡耕地土壤蓄水能力方面效果最显著，尤其是在花生翻耕期和收获期。在降雨 20min 后，秸秆覆盖＋深翻耕措施小区土壤体积含水量即快速增加，在降雨持续 40～50min 后达到最大值，并保持直到降雨结束后才慢慢降低，可能是采取秸秆覆盖可以有效提高土壤有机质，降低土壤黏粒流失，促进土壤团聚体数量增加，进而改善土壤物理特性，增加土壤水分入渗能力。因此，人工模拟降雨试验开始后，秸秆覆盖＋深翻耕措施浅层土壤体积含水量快速提高，而降雨结束后由于土壤浅层土壤水分迅速向更深层土壤渗透，因此浅层土壤体积含水量呈现持续下降趋势。有研究发现，采用秸秆覆盖措施能够有效调节土壤地温，减少土壤水分增发，提高土壤保水能力，提升土壤地力条件，增加土壤有效水含量，进而促进作物产量提高等。同时，将秸秆覆盖还田还可以有效降低土壤通气孔隙数量并促进有效孔隙数量的增加，进而有效提高土壤蓄水保墒性能。在花生翻耕期和收获期，秸秆覆盖措施的保水效益最明显，主要是因为花生翻耕期和收获期受到人为扰动较频繁，而采取秸秆覆盖措施后地表裸露面积显著降低，水土流失显著降低，抑制土壤水分蒸发，促进降雨就地入渗，故秸秆覆盖措施具有最显著的抗旱保墒能力。而在花生其他生长期，尤其是盛花期、结荚期，花生本身覆盖度较高，加上人为扰动较大，因此秸秆覆盖措施对土壤水分的增加效应没有花生翻耕期和收获期显著。

保水剂是一类吸水和保水能力非常强的高分子有机聚合物，主要是因为保水剂分子中含有大量强吸水基团。向土壤添加适量的保水剂能够显著改善土壤孔隙状况，增加土壤总孔隙度、毛管孔隙度、土壤有效水容量，进而提高土壤抗旱保墒作用。研究结果表明，保水剂处理对红壤坡地土壤保水效果的促进作用最显著的时期为花生翻耕期，而在花生其他生长期未呈现比对照（顺坡耕作）更强的保水效果。主要原因是，花生翻耕期土壤表面裸露，再加上人为翻耕扰动导致土壤比较疏松，而该时期向土壤添加保水剂后开展人工模拟降雨，保水剂迅速吸水膨胀，因此土壤体积含水量显著提高。花生其他生长时期，因为保水剂的作用，红壤坡耕地土壤降雨前期含水量处于较高水平，但因保水剂已经处于吸水膨胀状态，在遇到降雨后，其继续吸水的能力较小，因而对降雨后土壤水分含量变化的影响较小。

向土壤施加适量有机肥也能够对土壤体积含水量产生明显的影响。研究发现，施加适量有机肥能够有效促进土壤物理特性改善，显著提高土壤水分库容，减少土壤水分蒸发，增加大气降水入渗，增加土壤有效水含量。研究结果表明，花生翻耕期有机肥＋顺坡耕作措施小区浅层土壤水分含量在降雨后的提高幅度显著高于保水剂＋顺坡耕作、顺坡耕作小区，仅次于秸秆覆盖＋深翻耕小区；而在花生其他生长期，有机肥＋顺坡耕作措施的保水效益与保水剂＋顺坡耕作、顺坡耕作措施差异不显著。翻耕期，增加有机肥改善土壤物理性质，提高了保水效果，而花生其他生长期，施加有机肥的小区花生生物量更大，花生需水量更大，降雨后，花生根系吸收了更多的水分，导致有机肥＋顺坡耕作措施土壤水分含量提高幅度与保水剂＋顺坡耕作、顺坡耕作措施差异不明显。

通过对 2018 年全年不同措施土壤水分月平均的影响进行分析（图 5.18），可知 20cm 深度土壤体积含水量整体上从大到小依次为顺坡耕作＋植物篱、顺坡耕作＋秸秆覆盖、免耕、裸地；40cm 深度土壤体积含水量整体上从大到小依次为顺坡耕作＋植物篱、顺坡耕作＋秸秆覆盖、免耕、裸地，不同月份有所差异，7—12 月 40cm 深度土壤体积含水量从大到小依次为顺坡耕作＋秸秆覆盖、免耕、顺坡耕作＋植物篱、裸地；60cm 深度土壤体积含水量不同措施差异明显，1—7 月 60cm 深度土壤体积含水量从大到小依次为顺坡耕作＋植物篱、免耕、顺坡耕作＋秸秆覆盖、裸地，8—12 月顺坡耕作＋秸秆覆盖和免耕差异不大，其次为顺坡耕作＋植物篱，最小为裸地；80cm 深度土壤体积含水量不同月份差异亦明显，1—7 月 80cm 深度土壤体积含水量顺坡耕作＋植物篱最大，免耕、顺坡耕作＋秸秆覆盖差异不大，位列第二，裸地最小，8—12 月顺坡耕作＋秸秆覆盖、顺坡耕作＋植物篱、免耕差异不大，位列第二，最小为裸地。

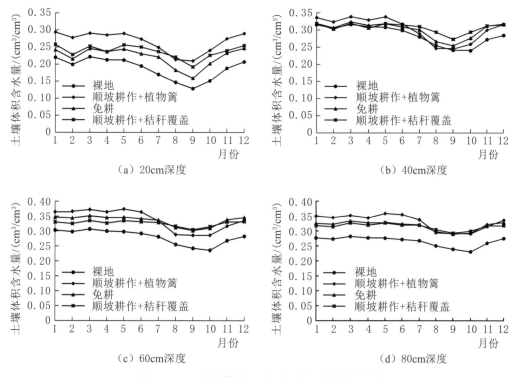

图 5.18　不同措施土壤水分月平均的影响

通过对 2018 年全年不同措施下土壤水分季平均的影响进行分析（图5.19），可知 20cm 深度土壤体积含水量从大到小依次是顺坡耕作＋植物篱、顺坡耕作＋秸秆覆盖、免耕、裸地；40cm 深度土壤体积含水量在春季、冬季类似顺坡耕作＋植物篱，为最大，其次为免耕、顺坡耕作＋秸秆覆盖、裸地，春秋季都是顺坡耕作＋秸秆覆盖最大，其次为免耕、顺坡耕作＋植物篱，最小为裸地；60cm、80cm 深度土壤体积含水量顺坡耕作＋植物篱、顺坡耕作＋秸秆覆盖、免耕均明显大于裸地，三者内部差异不大。秸秆覆盖对 40cm 及以下深度土壤影响大于地表 20cm 深度土层；植物篱措施对地表 20cm 深度土壤体积含水量的影响大于 40cm 及以下深度土层。

图 5.20 显示的是 2018 年 1 月不同措施水量平衡小区土壤水分三维分布图。结果表明，1 月裸地小区 0～20cm 深度土壤体积含水量为 0.186～0.263cm³/cm³，总体相对较低，与此同时，距离坡顶 2.5～10m、深度为 60～

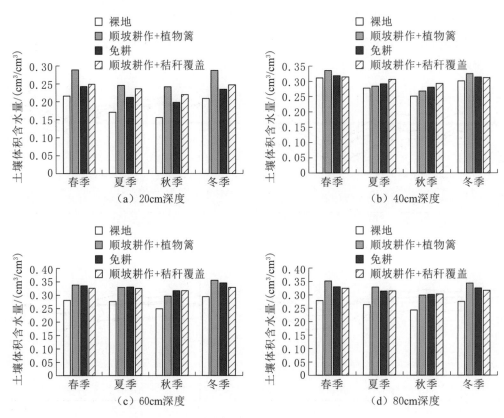

图 5.19　不同措施对土壤水分季平均的影响

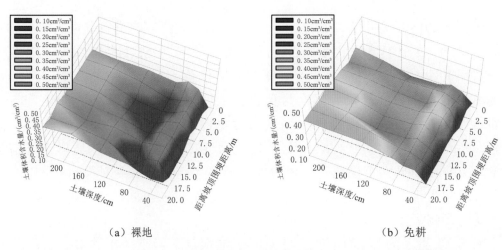

图 5.20（一）　2018 年 1 月不同措施水量平衡小区土壤水分三维分布图

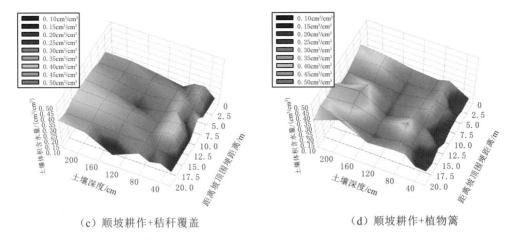

（c）顺坡耕作+秸秆覆盖　　　　　　　（d）顺坡耕作+植物篱

图 5.20（二）　2018 年 1 月不同措施水量平衡小区土壤水分三维分布图

80cm 区域存在含水量较低的（土壤体积含水量＜25cm³/cm³）区域。而采取免耕、顺坡耕作＋秸秆覆盖以及顺坡耕作＋植物篱后，土壤体积含水量显著提高。其中，顺坡耕作＋秸秆覆盖措施下 0～80cm 深度土壤体积含水量对深层土壤的影响相对较小。相比之下，免耕和顺坡耕作＋植物篱则主要提高深层（80cm 深度以下）土壤体积含水量。通过采取免耕和顺坡耕作＋植物篱措施后，小区 130mm 深度以下深层土壤体积含水量提升明显，大部分区域超过 0.4cm³/cm³。此外，采用免耕、顺坡耕作＋秸秆覆盖以及顺坡耕作＋植物篱措施后，原先在裸露小区距离坡顶 2.5～10m、深度为 60～80cm 区域出现的含水量"洼地"消失了。

图 5.21 显示的是 2018 年 2 月不同措施水量平衡小区土壤水分三维分布图。结果表明，2 月裸地小区 0～20cm 深度土壤含水量为 0.164～0.245cm³/cm³，低于 1 月，与此同时，类似于 1 月，2 月裸地小区距离坡顶 2.5～10m、深度为 60～80cm 区域亦存在含水量较低（土壤体积含水量＜0.25cm³/cm³）的"洼地"。而采取免耕、顺坡耕作＋秸秆覆盖以及顺坡耕作＋植物篱措施后土壤体积含水量亦呈现显著提高。其中，顺坡耕作＋秸秆覆盖措施 0～80cm 深度土壤体积含水量对深层土壤的影响相对较小。相比之下，免耕和顺坡耕作＋植物篱措施既能影响表层土壤体积含水量，亦能影响深层土壤体积含水量。采取免耕措施后，小区 130mm 深度以深层土壤体积含水量提升明显，大部分区域超过 0.4cm³/cm³；而采用顺坡耕作＋植物篱措施的小区，40cm 深度以下土壤体积含水量均提高至 0.4cm³/cm³ 以上。与此同时，采用免耕、顺坡耕作＋秸秆覆盖以及顺坡耕作＋植物篱措施后，原先在裸露小区距离坡顶

2.5～10m、深度为 60～80cm 区域出现的含水量"洼地"消失了，这与 1 月土壤体积含水量变化趋势是一致的。

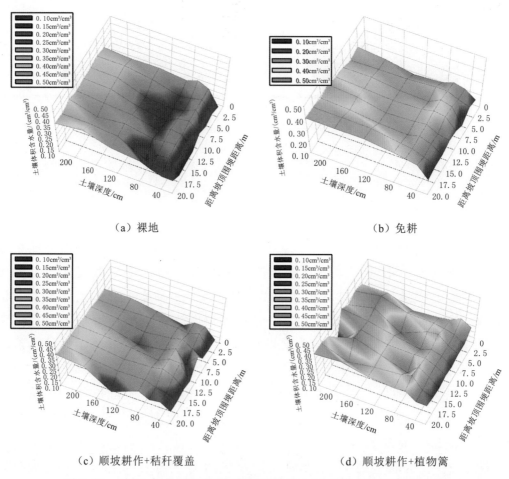

（a）裸地　　　　　　　　　　　　　　　（b）免耕

（c）顺坡耕作+秸秆覆盖　　　　　　　　　（d）顺坡耕作+植物篱

图 5.21　2018 年 2 月不同措施水量平衡小区土壤水分三维分布图

图 5.22 显示的是 2018 年 3 月不同措施水量平衡小区土壤水分三维分布图。结果表明，相比 1—2 月土壤体积含水量，3 月裸地小区不同深度土壤体积含水量均呈现不同程度的增加。类似于 1 月和 2 月，3 月裸地小区在距离坡顶 2.5～10m、深度为 60～80cm 区域亦存在含水量较低（土壤体积含水量 <0.25cm³/cm³）的"洼地"，但较 1—2 月有所增加，范围也相对较窄。采取免耕、顺坡耕作＋秸秆覆盖以及顺坡耕作＋植物篱措施后，小区 3 月土壤体积含水量呈现显著增加趋势。3 种措施均影响不同深度的土壤体积含水量，其中顺坡耕作＋植物篱的提升幅度最大，其次是顺坡耕作＋秸秆覆盖。采用顺坡耕作＋植物篱措施的小区，40cm 深度以下区域有部分土壤体积含水量提高至 0.5cm³/cm³ 左右。

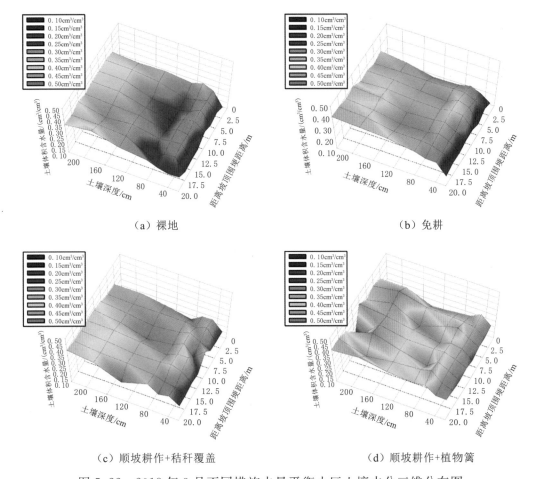

（a）裸地 　　　　　　　　　　　　　　（b）免耕

（c）顺坡耕作+秸秆覆盖 　　　　　　　　（d）顺坡耕作+植物篱

图 5.22　2018 年 3 月不同措施水量平衡小区土壤水分三维分布图

　　图 5.23 显示的是 2018 年 4 月不同措施水量平衡小区土壤水分三维分布图。2018 年 4 月不同措施水量平衡小区土壤水分变化趋势类似于 3 月。

　　图 5.24 显示的是 2018 年 5 月不同措施水量平衡小区土壤水分三维分布图。相比 4 月，5 月裸地水量平衡小区不同深度水分含量变化不大。采取免耕措施后，20cm 以下深度土壤体积含水量均显著提高。免耕小区距坡顶 2.5～15m、深度为 20～180cm 区域 5 月土壤体积含水量相比于裸地的提升幅度高于 4 月。相比免耕措施，顺坡耕作＋秸秆覆盖和顺坡耕作＋植物篱措施既能显著提升 0～20cm 深度浅层土壤体积含水量，亦能显著提高 0～20cm 深度以下土壤体积含水量，其中顺坡耕作＋植物篱的提升效果最明显。

　　图 5.25 显示的是 2018 年 6 月不同措施水量平衡小区土壤水分三维分布图。类似于 5 月，相比裸地小区，采用免耕、顺坡耕作＋秸秆覆盖和顺坡耕作＋植物篱措施的小区不同深度土壤体积含水量均显著提高。其中，采用免耕

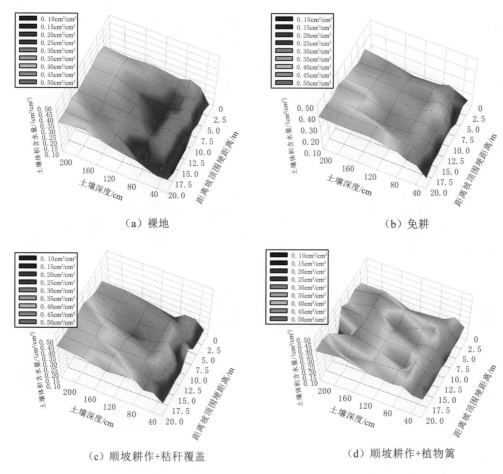

（a）裸地　　　　　　　　　　　　　　（b）免耕

（c）顺坡耕作+秸秆覆盖　　　　　　　（d）顺坡耕作+植物篱

图 5.23　2018 年 4 月不同措施水量平衡小区土壤水分三维分布图

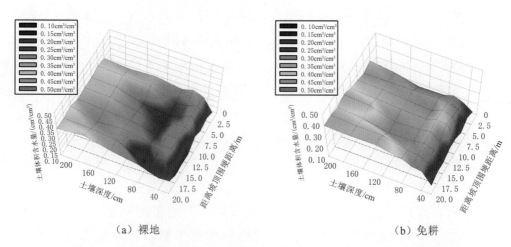

（a）裸地　　　　　　　　　　　　　　（b）免耕

图 5.24（一）　2018 年 5 月不同措施水量平衡小区土壤水分三维分布图

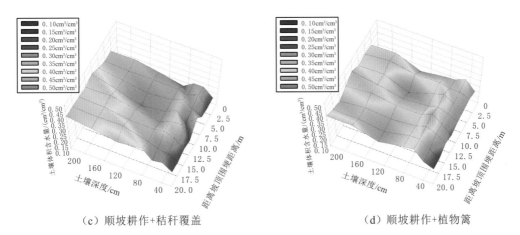

（c）顺坡耕作+秸秆覆盖　　　　　　　　（d）顺坡耕作+植物篱

图 5.24（二）　2018 年 5 月不同措施水量平衡小区土壤水分三维分布图

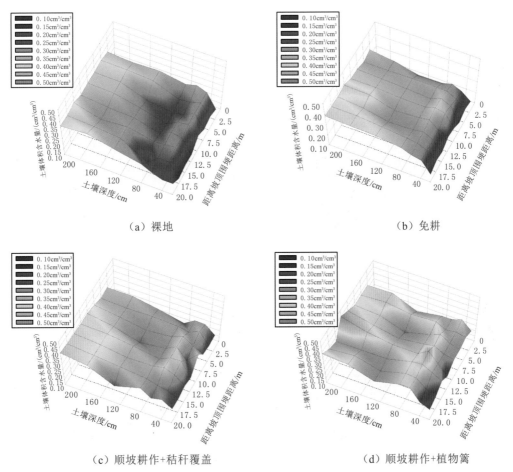

（a）裸地　　　　　　　　　　　　（b）免耕

（c）顺坡耕作+秸秆覆盖　　　　　　　　（d）顺坡耕作+植物篱

图 5.25　2018 年 6 月不同措施水量平衡小区土壤水分三维分布图

措施的小区主要影响 20cm 深度以下土壤体积含水量，而对 0～20cm 深度的浅层土壤体积含水量的影响相对较小。顺坡耕作＋秸秆覆盖和顺坡耕作＋植物篱则主要影响深层土壤体积含水量。

图 5.26 显示的是 2018 年 7 月不同措施水量平衡小区土壤水分三维分布图。相比 6 月，7 月裸露小区距离坡顶 17.5m 左右、20～80cm 深度土壤体积含水量显著降低至 0.2cm³/cm³ 左右，主要是因为 7 月为该区域季节性干旱开始发生时间，干旱少雨使得裸露小区土壤体积含水量降低。而采取免耕措施的小区下坡位（距离坡顶 17.5～20m）、20～80cm 深度土壤体积含水量显著提高，同时，距离坡顶 10.0～20.0m、120～230cm 深度土壤体积含水量也显著提高至 0.4cm³/cm³ 以上，这说明免耕措施具有较长的抗旱保墒作用。相比之下，采用顺坡耕作＋秸秆覆盖以及顺坡耕作＋植物篱措施的小区不同深度土壤体积含水量均显著提高，且提升幅度要显著高于免耕措施，这说明顺坡耕作＋秸秆覆盖和顺坡耕作＋植物篱措施具有更高的抗旱保墒效益。

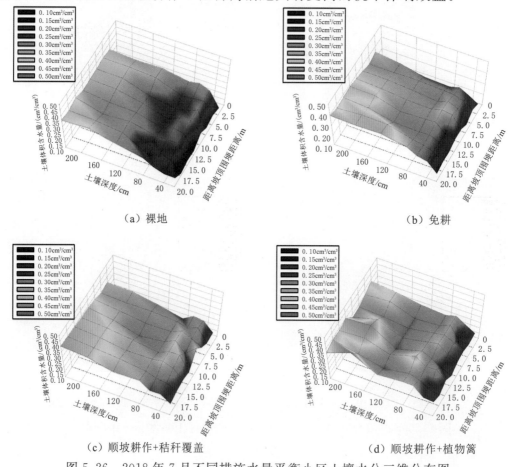

（a）裸地　　　　　　　　　　　　　　　　（b）免耕

（c）顺坡耕作+秸秆覆盖　　　　　　　　　　（d）顺坡耕作+植物篱

图 5.26　2018 年 7 月不同措施水量平衡小区土壤水分三维分布图

图 5.27 显示的是 2018 年 8 月不同措施水量平衡小区土壤水分三维分布图。类似于前 7 个月，8 月裸地小区土壤体积含水量显著降低，尤其是 40～120cm 深度土壤体积含水量降低幅度最显著，主要是经历 7—8 月两个月的长期干旱，表层土壤水分大量蒸发，导致含水量显著降低，而采用免耕措施的小区，8 月 40cm 深度以下土壤体积含水量显著提升，但 0～40cm 深度土壤体积含水量的提升幅度不明显，这说明免耕措施主要影响深层土壤体积含水量。相比较之下，顺坡耕作＋秸秆覆盖以及顺坡耕作＋植物篱措施不仅影响深层土壤体积含水量，也影响浅层土壤体积含水量，具有较强的抗旱保墒效益。

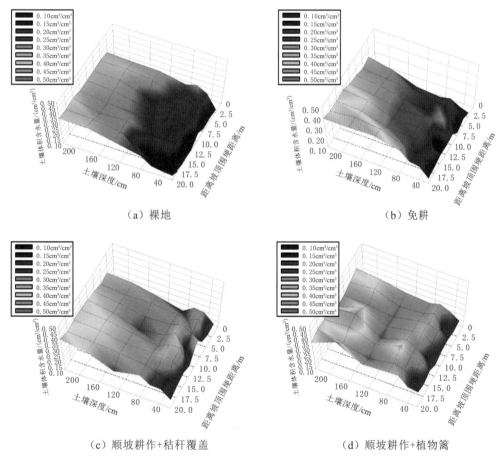

（a）裸地　　　　　　　　　　　　　（b）免耕

（c）顺坡耕作+秸秆覆盖　　　　　　　（d）顺坡耕作+植物篱

图 5.27　2018 年 8 月不同措施水量平衡小区土壤水分三维分布图

图 5.28～图 5.31 显示的是 2018 年 9—12 月不同措施水量平衡小区土壤水分三维分布图。不同措施对不同深度土壤体积含水量的影响规律与前面 8 个月类似。

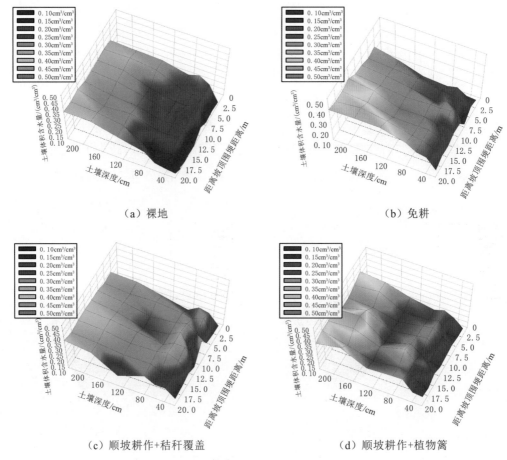

（a）裸地　　　　　　　　　　　　　（b）免耕

（c）顺坡耕作+秸秆覆盖　　　　　　　　（d）顺坡耕作+植物篱

图 5.28　2018 年 9 月不同措施水量平衡小区土壤水分三维分布图

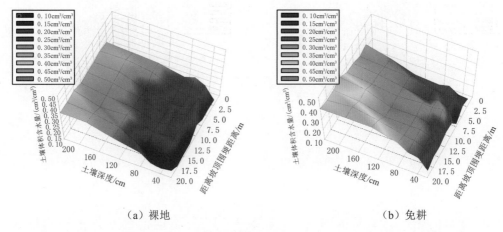

（a）裸地　　　　　　　　　　　　　（b）免耕

图 5.29（一）　2018 年 10 月不同措施水量平衡小区土壤水分三维分布图

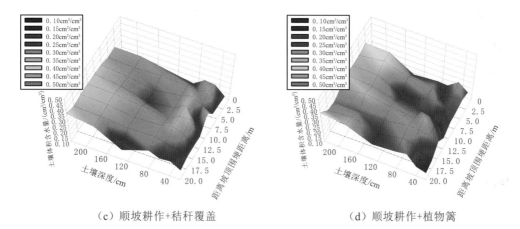

（c）顺坡耕作+秸秆覆盖 　　　　　　　（d）顺坡耕作+植物篱

图 5.29（二）　2018 年 10 月不同措施水量平衡小区土壤水分三维分布图

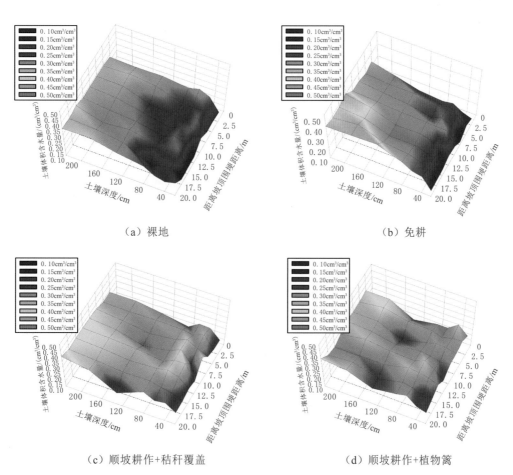

（a）裸地 　　　　　　　　　　　　（b）免耕

（c）顺坡耕作+秸秆覆盖 　　　　　　　（d）顺坡耕作+植物篱

图 5.30　2018 年 11 月不同措施水量平衡小区土壤水分三维分布图

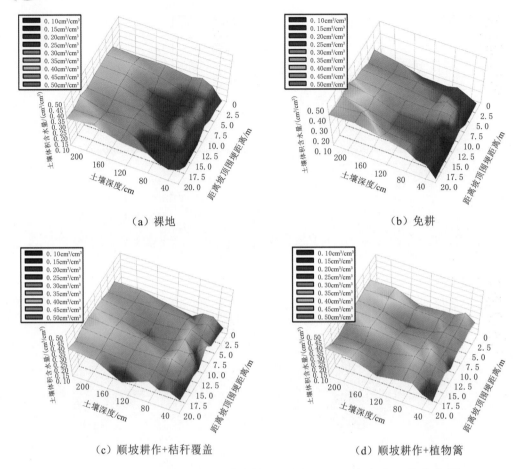

（a）裸地　　　　　　　　　　　　　　　（b）免耕

（c）顺坡耕作+秸秆覆盖　　　　　　　　　（d）顺坡耕作+植物篱

图 5.31　2018 年 12 月不同措施水量平衡小区土壤水分三维分布图

根据 2019 年 6 月 13 日—12 月 2 日不同处理下土壤水分随时间变化特征（图 5.32），可知 6—8 月（雨季）20cm 深度土壤水分整体上从大到小依次为横坡垄作、顺坡耕作＋秸秆还田、横坡垄作＋地膜覆盖、顺坡耕作＋秸秆覆盖、顺坡耕作，9—12 月（干旱季节）20cm 深度土壤水分整体上从大到小依次为横坡垄作、顺坡耕作＋秸秆还田、顺坡耕作＋秸秆覆盖、横坡垄作＋地膜覆盖、顺坡耕作。

6—8 月（雨季）40cm 深度土壤水分整体上从大到小依次为横坡垄作、顺坡耕作＋秸秆还田、横坡垄作＋地膜覆盖、顺坡耕作＋秸秆覆盖、顺坡耕作，9—12 月（干旱季节）40cm 深度土壤水分整体上从大到小依次为横坡垄作＋地膜覆盖、顺坡耕作＋秸秆还田、顺坡耕作＋秸秆覆盖、横坡垄作、顺坡耕作。

根据上述分析可知，在雨季，横坡垄作、横坡垄作＋地膜覆盖、顺坡耕

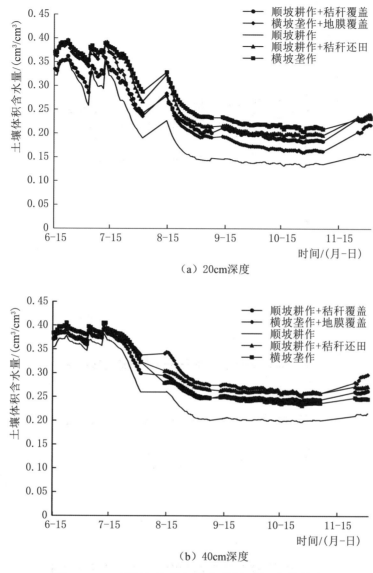

（a）20cm深度

（b）40cm深度

图 5.32 不同处理下土壤水分随时间变化特征

作＋秸秆还田、顺坡耕作＋秸秆覆盖可以有效增加土壤体积含水量，雨季秸秆覆盖措施提高土壤水分的效果低于另外三种措施；在干旱季节，40cm 深度土壤水分的增加明显低于地膜覆盖、秸秆还田措施。

5.4.2 减蒸保墒技术的保墒效益

根据 2019 年 6—7 月轻旱过程中不同措施土壤水分变化（图 5.33）可知，在轻旱过程中，横坡垄作、顺坡耕作＋秸秆还田、横坡垄作＋地膜覆盖措施土壤水分整体高于其他措施，其间差异不大；深翻耕＋秸秆覆盖措施土壤体积含水量最低，衰减值最大；顺坡耕作措施土壤体积含水量倒数第二，衰减值其次。上述分析说明横坡垄作、顺坡耕作＋秸秆还田、横坡垄作＋地膜覆盖等水土保持措施可以有效提高土壤水分，有明显的抗旱保墒效果。

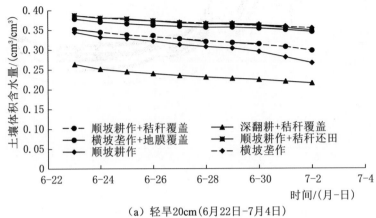

（a）轻旱20cm（6月22日—7月4日）

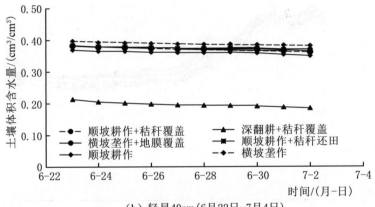

（b）轻旱40cm（6月22日—7月4日）

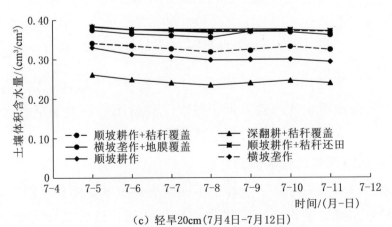

（c）轻旱20cm（7月4日—7月12日）

图 5.33（一）　轻旱过程中不同措施土壤水分变化

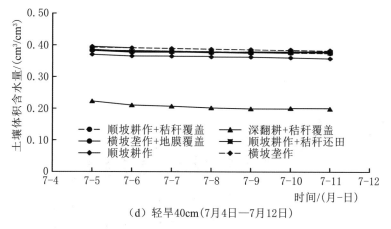

（d）轻旱40cm（7月4日—7月12日）

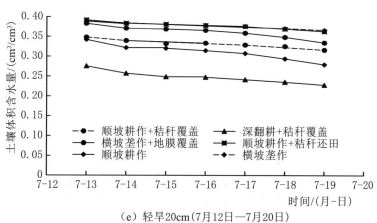

（e）轻旱20cm（7月12日—7月20日）

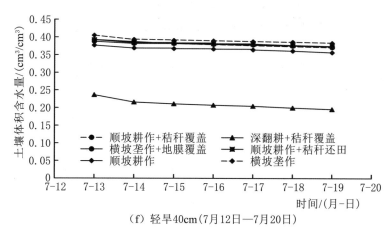

（f）轻旱40cm（7月12日—7月20日）

图 5.33（二） 轻旱过程中不同措施土壤水分变化

　　根据 2019 年 8 月 16—30 日重旱过程中不同处理土壤水分变化（图 5.34）可知，20cm 深度土壤水分从大到小依次为横坡垄作、顺坡耕作＋秸秆还田、顺坡耕作＋秸秆覆盖、横坡垄作＋地膜覆盖、顺坡耕作、深翻耕＋秸秆覆盖措施。40cm 深度土壤水分从大到小依次为横坡垄作＋地膜覆盖、顺坡耕作＋秸秆还田、横坡垄作、顺坡耕作＋秸秆覆盖、顺坡耕作、深翻耕＋秸秆覆盖措施。

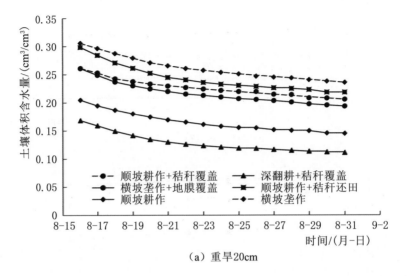

（a）重旱20cm

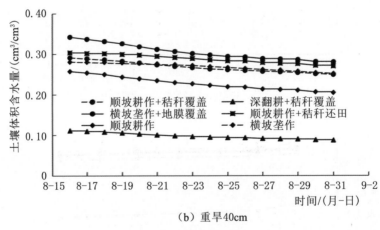

（b）重旱40cm

图 5.34　重旱过程中不同处理土壤水分变化

根据 2018 年 6 月 10—18 日轻旱下不同措施土壤水分变化（图 5.35），可知轻旱下 20cm 深度土壤水分起始值和最终值从大到小都依次为顺坡耕作＋植物篱、顺坡耕作＋秸秆覆盖、免耕、裸地，其干旱过程中土壤水分衰减值分别为 0.0725cm³/cm³、0.0660cm³/cm³、0.087cm³/cm³、0.0667cm³/cm³；轻旱下 20cm 深度土壤水分起始值和最终值从大到小都依次为顺坡耕作＋植物篱、顺坡耕作＋秸秆覆盖、免耕、裸地，其干旱过程中土壤水分衰减值分别为 0.0585cm³/cm³、0.0369cm³/cm³、0.0388cm³/cm³、0.0264cm³/cm³；轻旱下 60cm、80cm 深度土壤水分仍然是顺坡耕作＋植物篱最大，顺坡耕作＋

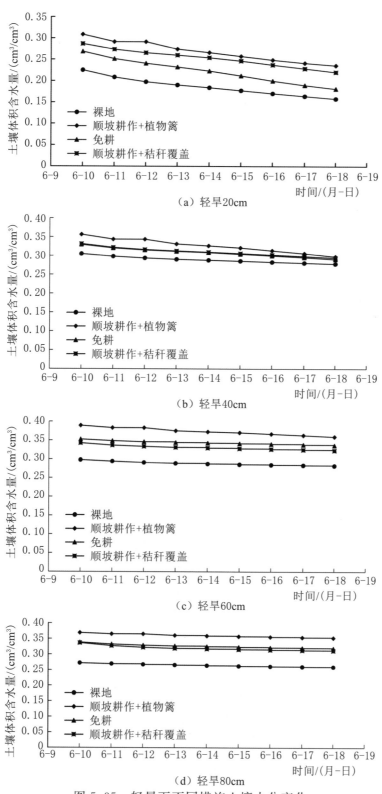

图 5.35　轻旱下不同措施土壤水分变化

秸秆覆盖、免耕差异不大，裸地最小，衰减值方面，60cm 深度土壤顺坡耕作＋植物篱仍然大于其他措施，其他措施土壤水分衰减值无明显差异，80cm 深度土壤不同措施衰减值均无明显差异。干旱过程中不同深度的土壤水分的衰减值都是裸地低，没有种植花生的小区高，主要由于蒸腾作用。20cm 深度土壤水分衰减，花生种植的小区秸秆覆盖衰减值最小，植物篱第二，免耕最大；40cm 深度土壤水分衰减植物篱最大、免耕其次，稻草覆盖最低。上述说明，秸秆覆盖能明显减少干旱过程中土壤水分的衰减，免耕作用不能有效保护 20cm 深度土壤水分，植物篱反而能减少 40～60cm 深度土壤水分，主要因为植物篱根系深度大于 40cm，而干旱过程中，其蒸腾作用可以减少土壤水分。

　　由表 5.6 可知，6 月 9 日（轻旱前）降雨条件下不同措施地表产流裸地最大，其次为免耕，顺坡耕作＋植物篱、顺坡耕作＋秸秆覆盖均未产流。因此干旱起始（6 月 10 日）后土壤水分顺坡耕作＋植物篱、顺坡耕作＋秸秆覆盖均大于免耕和裸地，秸秆覆盖措施中的秸秆会吸收很多降雨，导致进入土壤的水分减少，因此秸秆覆盖措施土壤水分小于植物篱措施。

表 5.6　　　　　　　　　6 月 9 日降雨条件下不同措施地表产流

措　　施	降雨量/mm	径流深/mm	径流系数/%
裸地	20.4	7.07	34.67
顺坡耕作＋植物篱	20.4	0	0
免耕	20.4	0.3	1.47
顺坡耕作＋秸秆覆盖	20.4	0	0

　　7 月 11 日试验区降雨 7.3mm，不同措施均未产流，2018 年 7 月 12—17 日轻旱条件下不同措施土壤水分变化如图 5.36 所示，可知 20cm 深度土壤水分从大到小依次为顺坡耕作＋秸秆覆盖、顺坡耕作＋植物篱、免耕、裸地；40cm 深度土壤水分从大到小依次为顺坡耕作＋秸秆覆盖、免耕、顺坡耕作＋植物篱、裸地；60cm、80cm 深度土壤水分顺坡耕作＋秸秆覆盖均最大，其次为免耕、顺坡耕作＋植物篱，两者无明显差异，裸地最小。综上，40cm 深度以内（浅层）顺坡耕作＋秸秆覆盖土壤水分最大，不同深度下裸地土壤水分均最小。

　　通过干旱过程土壤水分衰减值分析，可知 20cm 深度土壤水分衰减值最大为裸地，40cm 深度及以下土壤水分衰减值最大为顺坡耕作＋植物篱措施。20cm 深度以内土壤受到太阳直射，裸地水分蒸发最快，40cm 深度及以下土壤水分受地表蒸发影响小，植物篱根系超过 20cm，而蒸腾耗水，导致顺坡耕作＋植物篱措施 40cm 深度及以下土壤水分衰减值最大。

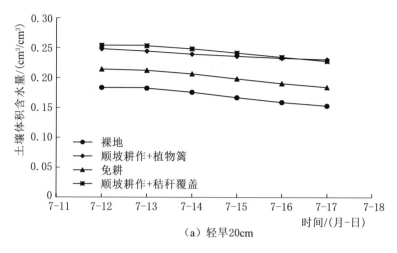

（a）轻旱20cm

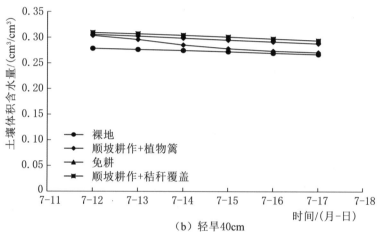

（b）轻旱40cm

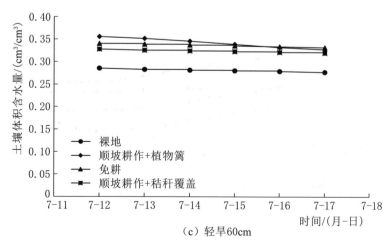

（c）轻旱60cm

图 5.36（一） 轻旱条件下不同措施土壤水分变化

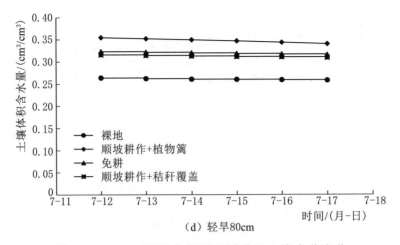

(d) 轻旱80cm

图 5.36（二）　轻旱条件下不同措施土壤水分变化

8 月 16 日降雨 14.7mm，不同措施均未发生产流，8 月 16 日之前不同措施种植的花生均已经收完。根据 8 月 17—28 日中旱条件下不同措施土壤水分衰减规律（图 5.37）可知，不同深度下顺坡耕作＋秸秆覆盖措施土壤水分均最大，裸地均最小；20cm 深度土壤水分顺坡耕作＋植物篱位列第二，免耕第三；40cm 深度土壤水分免耕位列第二；60cm 深度土壤水分免耕位列第二，植物篱第三；80cm 深度土壤水分顺坡耕作＋秸秆覆盖、免耕、植物篱均无明显差异。根据上述分析可知，除了消除农作物的影响外，秸秆覆盖能明显增加土壤水分，减缓土壤水分蒸发衰减，植物篱能减少 40cm、60cm 深度土壤水分，裸地相比有措施小区不同深度土壤水分始终最小。

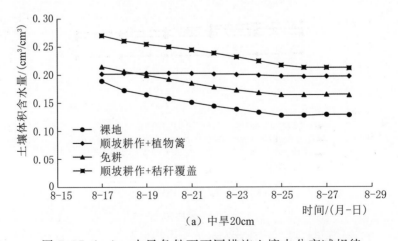

（a）中旱20cm

图 5.37（一）　中旱条件下不同措施土壤水分衰减规律

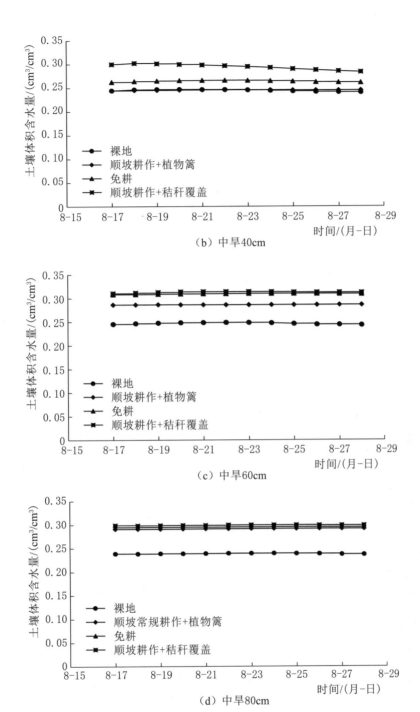

（b）中旱40cm

（c）中旱60cm

（d）中旱80cm

图 5.37（二）　中旱条件下不同措施土壤水分衰减规律

5.4.3 植被覆盖变化与土壤含水量的关系

图 5.38～图 5.40 分别为 2018 年顺坡耕作＋植物篱措施、顺坡耕作＋秸秆覆盖措施和免耕措施小区植被覆盖度月度变化情况。

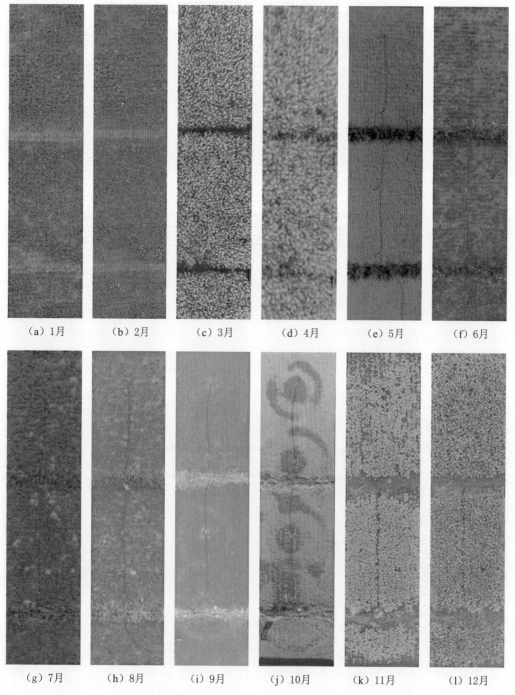

| (a) 1月 | (b) 2月 | (c) 3月 | (d) 4月 | (e) 5月 | (f) 6月 |

| (g) 7月 | (h) 8月 | (i) 9月 | (j) 10月 | (k) 11月 | (l) 12月 |

图 5.38　2018 年顺坡耕作＋植物篱措施小区植被覆盖度月度变化情况

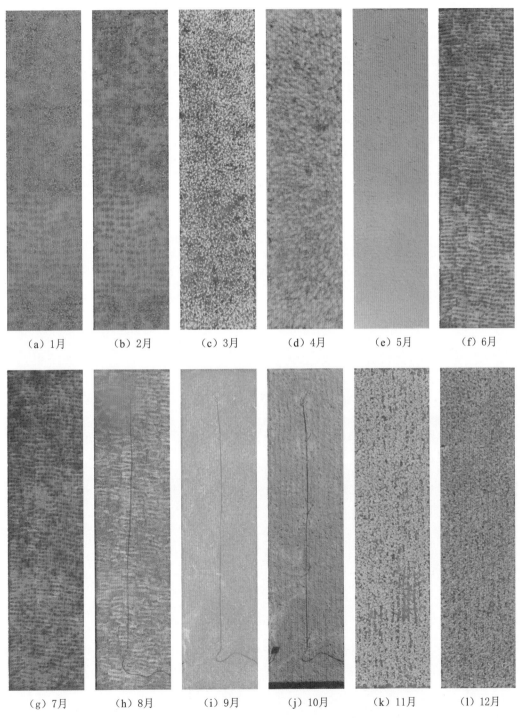

（a）1月　　　（b）2月　　　（c）3月　　　（d）4月　　　（e）5月　　　（f）6月

（g）7月　　　（h）8月　　　（i）9月　　　（j）10月　　　（k）11月　　　（l）12月

图 5.39　2018 年顺坡耕作＋秸秆覆盖措施小区植被覆盖度月度变化情况

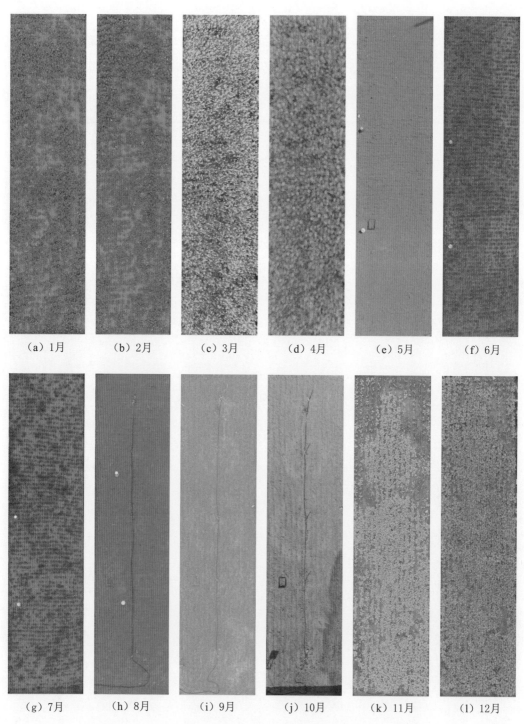

图 5 - 40　2018 年免耕措施小区植被覆盖度月度变化情况

图 5.41 显示的是 2018 年不同措施（顺坡耕作＋植物篱、顺坡耕作＋秸秆覆盖和免耕）的覆盖度及 0～20cm 深度土壤月平均含水量变化。2018 年 1—4 月免耕措施小区覆盖度较其他两个措施小区高，但是 0～20cm 深度土壤月平均含水量反而最低，这主要因为顺坡耕作＋植物篱、顺坡耕作＋秸秆覆盖措施可以有效增加降雨入渗，因而植被覆盖度与 0～20cm 深度土壤的含水量呈现明显的负相关关系。5—10 月顺坡耕作＋植物篱措施小区植被覆盖度最高，免耕措施最低；0～20cm 深度土壤的含水量呈现相似的规律，即 2018 年 5—10 月 0～20cm 深度土壤的含水量与植被覆盖度呈显著正相关关系，主要原因是这段时间（尤其是 7—9 月）气温相对较高，水分蒸腾作用强烈，而植被覆盖度增加能够有效缓解表层土壤的蒸腾作用，从而有效提高土壤表层的含水量。11—12 月不同措施植被覆盖度差异较小。

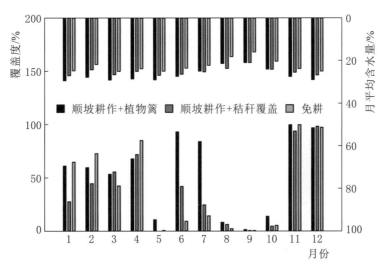

图 5.41　2018 年不同措施的覆盖度及 0～20cm 深度
土壤月平均含水量变化

图 5.42 显示的是 2018 年不同措施（顺坡耕作＋植物篱、顺坡耕作＋秸秆覆盖和免耕）覆盖度及 20～40cm 深度土壤月平均含水量变化。2018 年不同措施水量平衡小区 20～40cm 深度土壤的含水量与覆盖度呈现明显负相关关系，主要原因是覆盖尤其是植被覆盖会截留部分雨水，并增加雨水的深层渗透作用，同时会增加蒸腾作用，而作物根系在 20～40cm 深度土壤层分布集中，作物大量吸收该层土壤水分，从而显著降低了 20～40cm 深度土壤的含水量。

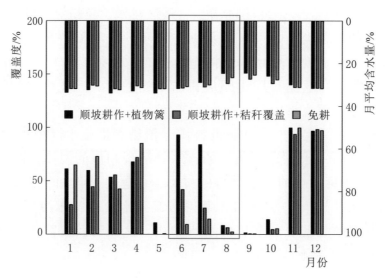

图 5.42　2018 年不同措施的覆盖度及 20～40cm 深度土壤月平均含水量变化

第6章　坡地果园抗旱保墒防控技术及效应

6.1　概　　述

本章共涉及2个研究区，分别为江西水土保持生态科技园和江西省水利科学研究院农村水利科研示范基地。

江西水土保持生态科技园数据来源于该园区坡地生态果园试验区，选择百喜草全园覆盖、宽叶雀稗覆盖、狗牙根带状覆盖、狗牙根全园覆盖、柑橘净耕5个试验小区2016年土壤水分和径流监测数据。江西省水利科学研究院农村水利科研示范基地数据来源于地表秸秆＋地膜覆盖、秸秆还田＋地膜覆盖、地膜覆盖及本地多年生披散草本植物金毛耳草覆盖4种多元覆盖处理条件下的土壤水分监测数据。

6.2　坡地果园不同林下覆盖技术土壤保墒时空分布特征

6.2.1　不同林下覆盖技术土壤体积含水量垂直动态变化

对不同林下覆盖技术的土壤体积含水量垂直变化特征进行对比分析（图6.1），可知百喜草全园覆盖、狗牙根带状覆盖和狗牙根全园覆盖3种林下覆盖技术土壤含水量随土层深度的增加总体上呈现先递减后递增的趋势，拐点集中出现在$40\sim60$cm深度土层，之后随土层深度的增加土壤体积含水量也递增。宽叶雀稗全园覆盖的土壤体积含水量总体高于其余3种林下覆盖措施，且随土层深度的增加而递增。柑橘净耕的土壤体积含水量最小且随土层深度变化较小，土壤体积含水量基本稳定在$0.22\text{cm}^3/\text{cm}^3$左右。

通过对百喜草全园覆盖、宽叶雀稗全园覆盖、狗牙根带状覆盖、狗牙根全园覆盖和柑橘净耕土壤体积含水量随土层深度的变化进行分析（图6.2），总体上，除宽叶雀稗全园覆盖表现为随土层深度的增加土壤体积含水量递增外，百喜草全园覆盖、狗牙根带状覆盖、狗牙根全园覆盖和柑橘净耕具有共

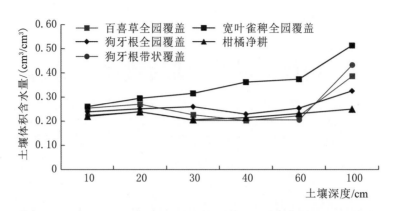

图 6.1　不同林下覆盖技术土壤体积含水量垂直变化特征

同特点，即随土层深度的增加，土壤体积含水量呈现出先递减后递增的趋势，但变化程度上存在差异。百喜草全园覆盖、宽叶雀稗全园覆盖、狗牙根带状覆盖和狗牙根全园覆盖的土壤体积含水量均要比柑橘净耕高，且第一季度的土壤体积含水量总体偏高，第三季度的土壤体积含水量总体偏低，导致这种情况的原因可能与降雨量、雨强或温度有关。

　　百喜草全园覆盖各季度土壤体积含水量变化如图 6.2（a）所示，各季度土壤体积含水量在 20～100cm 深度的变化趋势基本一致，拐点出现在 60cm 深度土层，即随着土层深度的增加土壤体积含水量先递减后递增，但在 0～20cm 深度土层存在差异，第一季度的土壤体积含水量呈现递减趋势，而第二季度、第三季度和第四季度的土壤体积含水量呈现递增趋势。宽叶雀稗全园覆盖各季度土壤体积含水量变化如图 6.2（b）所示，各季度土壤体积含水量变化趋势基本一致，即随着土层深度的增加，土壤体积含水量递增。狗牙根带状覆盖各季度土壤体积含水量变化如图 6.2（c）所示，各季度土壤体积含水量变化趋势基本一致，即随着土层深度的增加，土壤体积含水量表现为先递减后递增，拐点出现在 60cm 深度土层。狗牙根全园覆盖各季度土壤体积含水量变化如图 6.2（d）所示，随着土层深度的增加，第一季度和第二季度土壤体积含水量表现为先递减后递增，第三季度和第四季度土壤体积含水量表现为先递增后递减再递增。柑橘净耕各季度土壤体积含水量变化如图 6.2（e）所示，随着土层深度的加深，第一季度土壤体积含水量表现为先递减再递增，第二季度、第三季度和第四季度土壤体积含水量表现为先递增后递减再递增，但总体变化幅度不大。

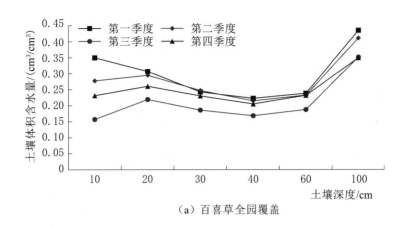

（a）百喜草全园覆盖

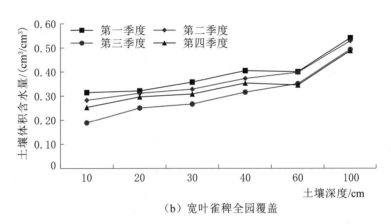

（b）宽叶雀稗全园覆盖

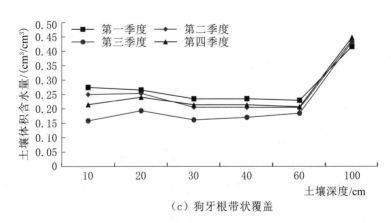

（c）狗牙根带状覆盖

图 6.2（一） 各季度垂直剖面的土壤体积含水量随土层深度的变化

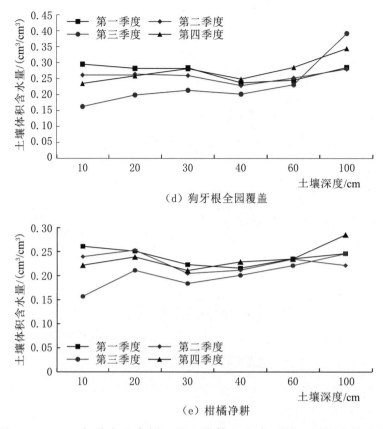

（d）狗牙根全园覆盖

（e）柑橘净耕

图 6.2（二）　各季度垂直剖面的土壤体积含水量随土层深度的变化

6.2.2　不同林下覆盖技术土壤体积含水量的活动层分布

为进一步分析不同林下覆盖技术下土壤体积含水量垂直分布变化特征，计算不同土层深度的土壤体积含水量的变异系数（C_V），根据变异系数大小可将土壤体积含水量垂直变化层分为速变层（$C_V > 30\%$）、活跃层（$20\% < C_V \leqslant 30\%$）、次活跃层（$10\% < C_V \leqslant 20\%$）、相对稳定层（$0 < C_V \leqslant 10\%$）4 个层次，不同林下覆盖技术下 0～100cm 深度土壤体积含水量垂直变化层分布如图 6.3 所示。除柑橘净耕外，其余 4 种林下覆盖技术的土壤体积含水量变异系数均随土层深度的增加而呈递减趋势，即水分垂直变化分层均按照速变层、活跃层、次活跃层、相对稳定层顺序自上而下分布：速变层和活跃层基本上在 0～10cm，深度土层范围内，次活跃层在 10～60cm 深度土层范围内，次活跃层和相对稳定层在 60～100cm 深度土层范围内。百喜草全园覆盖和狗牙根全园覆盖未出现相对稳定层，原因可能是百喜草和狗牙根两种覆盖植物的根部更长且根系发达，研究的土层深度浅。柑橘净耕土壤体积含水量随土层深

度的变化规律为：0～10cm 深度土层范围是活跃层，10～20cm 深度土层范围是次活跃层，20～60cm 深度土层范围是相对稳定层，60～100cm 深度土层范围是次活跃层，原因可能是未种植林下覆盖植物，柑橘树生长时间久，根系较深且发达。

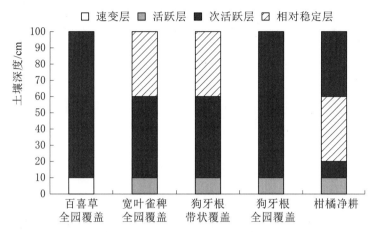

图 6.3　不同林下覆盖技术 0～100cm 深度土壤体积含水量垂直变化层分布

6.2.3　不同林下覆盖技术土壤体积含水量季节变化特征

将不同林下覆盖技术在 0～100cm 深度土层的土壤体积含水量与降雨量变化进行对比，结果如图 6.4 所示。在 0～100cm 深度土层范围内，百喜草全园覆盖、宽叶雀稗全园覆盖、狗牙根带状覆盖、狗牙根全园覆盖和柑橘净耕的总土壤体积含水量由小到大依次为柑橘净耕＜狗牙根带状覆盖＜百喜草全园覆盖＜狗牙根全园覆盖＜宽叶雀稗全园覆盖。宽叶雀稗全园覆盖各月份的土壤体积含水量比其余 4 种覆盖方式各月份的土壤体积含水量都高。除百喜草全园覆盖的土壤体积含水量最高值出现在 3 月外，宽叶雀稗全园覆盖、狗牙根带状覆盖、狗牙根全园覆盖和柑橘净耕的土壤体积含水量最高值都出现在 2 月，但土壤体积含水量的最低值均出现在 9 月。

百喜草全园覆盖、宽叶雀稗全园覆盖、狗牙根带状覆盖和狗牙根全园覆盖的土壤体积含水量变化趋势基本一致，1—6 月变化相对稳定，6—9 月呈递减趋势，9—10 月呈递增趋势，10—12 月呈平稳趋势，变化不大。柑橘净耕的土壤体积含水量的变化趋势基本一致，1—7 月变化较稳定，基本稳定在 $0.23cm^3/cm^3$ 左右，7—9 月呈递减趋势，9—10 月呈递增趋势，10—12 月呈平稳趋势，变化不大。综上可知，百喜草全园覆盖、宽叶雀稗全园覆盖、狗牙根带状覆盖和狗牙根全园覆盖的土壤体积含水量都在 6—10 月发生明显的

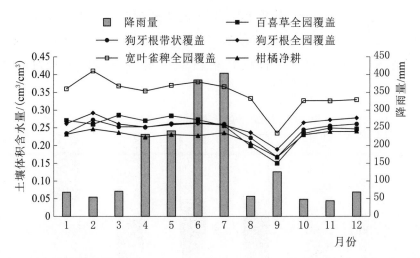

图 6.4　不同林下覆盖技术在 0～100cm 深度土层的土壤体积含水量与降雨量变化

变化，可能是该时段前期降雨量大所致。

　　不同林下覆盖技术各季度土壤体积含水量与降雨量的变化如图 6.5 所示。从图中可看出，百喜草全园覆盖、宽叶雀稗全园覆盖、狗牙根带状覆盖、狗牙根全园覆盖和柑橘净耕第一季度的土壤体积含水量在全年都是最高值，第二季度到第四季度整体呈现先递减后递增的趋势，原因可能是降雨量大，其中，百喜草全园覆盖、宽叶雀稗全园覆盖、狗牙根带状覆盖和狗牙根全园覆盖 4 种林下覆盖技术的全年土壤体积含水量均值都比柑橘净耕高，主要原因为柑橘净耕林下没有种植覆盖植物。

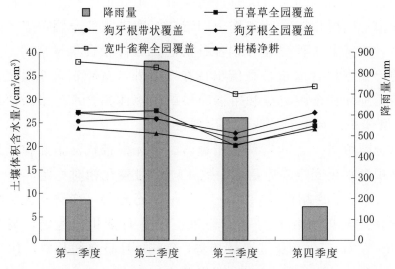

图 6.5　不同林下覆盖技术各季度土壤体积含水量与降雨量的变化

6.2.4　不同林下覆盖技术土壤体积含水量季节变异程度的分层特征

不同林下覆盖技术下不同深度的土壤体积含水量季节变异程度如图 6.6所示。由图可知，百喜草全园覆盖、宽叶雀稗全园覆盖、狗牙根带状覆盖、狗牙根全园覆盖和柑橘净耕的各土层土壤体积含水量具有明显的季节变化特征，不同林下覆盖技术下土壤体积含水量的变异系数均随土层深度的增加呈现出递减的趋势，5 种林下覆盖技术在 0～10cm 深度土层范围内的变异系数值为最大值。

百喜草全园覆盖土壤体积含水量季节变异程度如图 6.6（a）所示，0～60cm 深度土层范围内变异系数持续降低，10～20cm 深度土层变化程度大，20～60cm 深度土层变化程度小，60～100cm 深度土层范围内变异系数呈递增趋势。宽叶雀稗全园覆盖土壤体积含水量季节变异程度如图 6.6（b）所示，各层土壤体积含水量均较高，0～20cm 和 30～100cm 深度土层范围内变异系数呈递减趋势，20～30cm 深度土层范围内变异系数呈递增趋势。狗牙根带状覆盖土壤体积含水量季节变异程度如图 6.6（c）所示，0～20cm 和 40～100cm 深度土层范围内变异系数呈递减趋势，20～40cm 深度土层范围内变异系数呈递增趋势。狗牙根全园覆盖土壤体积含水量季节变异程度如图 6.6（d）所示，0～40cm 深度土层范围内变异系数呈递减趋势，40～100cm 深度土层范围内变异系数呈递增趋势。柑橘净耕土壤体积含水量季节变异程度如图 6.6（e）所示，土壤体积含水量基本稳定在 0.2～0.25cm³/cm³，0～60cm 深度土层范围内变异系数呈递减趋势，60～100cm 深度土层范围内变异系数呈递增趋势。

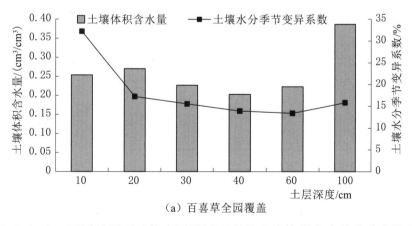

（a）百喜草全园覆盖

图 6.6（一）　不同林下覆盖技术下不同深度的土壤体积含水量季节变异程度

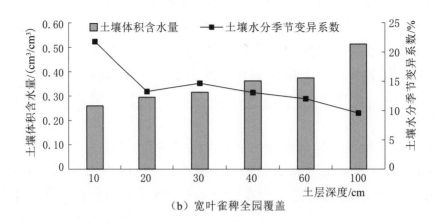

（b）宽叶雀稗全园覆盖

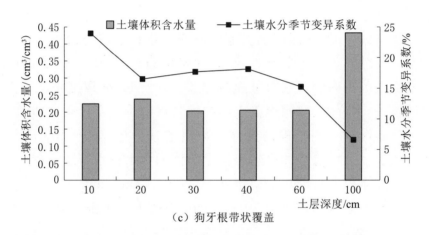

（c）狗牙根带状覆盖

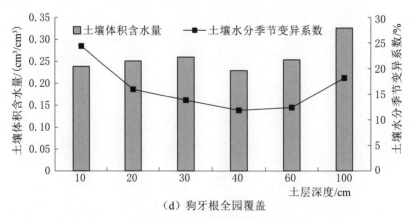

（d）狗牙根全园覆盖

图 6.6（二）　不同林下覆盖技术下不同深度的土壤体积含水量季节变异程度

综上所述，土壤体积含水量季节变异系数在土壤浅层有最大值，随着土层深度的加深呈现出递减的趋势。

6.3 坡地果园不同林下覆盖技术蓄水减流效应

与柑橘净耕对比，不同林下覆盖技术蓄水减流效应演变过程如图 6.7 所示。由图可知，宽叶雀稗全园覆盖、狗牙根带状覆盖、狗牙根全园覆盖都具有显著的减流效应，可以有效减少径流损失；百喜草全园覆盖在部分月份有较好的减流效应。

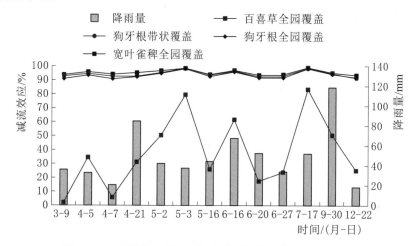

图 6.7　不同林下覆盖技术蓄水减流效应演变过程

宽叶雀稗全园覆盖、狗牙根带状覆盖、狗牙根全园覆盖均呈现出较高的蓄水减流效应，其中宽叶雀稗全园覆盖、狗牙根带状覆盖、狗牙根全园覆盖和横坡间种减流效应在 94％左右，而且整体呈平稳趋势。百喜草全园覆盖减流率在 38％左右，整体变化幅度较大，5 月 3 日、6 月 16 日和 7 月 17 日有较好的减流效应，3 月 9 日和 4 月 7 日减流效应几乎为 0，原因可能是百喜草 3 月中旬开始萌发，10 月生长基本停止，11 月下旬后部分老茎及叶趋于枯死，以匍匐茎越冬。结合降雨量发现，百喜草全园覆盖整体受降雨量的影响表现为降雨量越大减流效应越好。

不同林下覆盖技术的减流效应存在显著性差异，从小到大依次为百喜草全园覆盖（37.77％）＜狗牙根全园覆盖（93.52％）＜狗牙根带状覆盖（94.26％）＜宽叶雀稗全园覆盖（95.35％）。其中宽叶雀稗全园覆盖、狗牙根带状覆盖、狗牙根全园覆盖之间减流效应差异小，减流效果显著，全年波动较小。百喜草全园覆盖与其他林草覆盖措施的减流效应差异较大，年内波动较大，降雨量越大减流效应越大。

通过对百喜草全园覆盖、宽叶雀稗全园覆盖、狗牙根带状覆盖、狗牙根全园覆盖与柑橘净耕进行对比，分析不同林下覆盖技术的减流效应，林下覆盖技术的减流效应与雨强的关系如图 6.8 所示。总体上，林下覆盖技术的减流效应随着雨强的增大均存在增大的趋势，百喜草全园覆盖、宽叶雀稗全园覆盖、狗牙根带状覆盖和狗牙根全园覆盖的变异系数分别为 68.16%、1.94%、2.36% 和 2.71%。雨强小于 3.5mm/h 时，4 种林下覆盖技术的减流效应偏低，百喜草全园覆盖、宽叶雀稗全园覆盖、狗牙根带状覆盖和狗牙根全园覆盖的变异系数分别为 90.01%、1.93%、2.28% 和 2.60%，特别是百喜草全园覆盖波动性较大，其中出现两次接近 0 的减流效应。雨强大于 3.5mm/h 时，4 种林下覆盖技术的减流效应偏高，百喜草全园覆盖、宽叶雀稗全园覆盖、狗牙根带状覆盖和狗牙根全园覆盖的变异系数分别为 36.34%、1.79%、1.92% 和 2.15%，百喜草全园覆盖相对波动较大，但整体减流效应保持在 25% 以上。

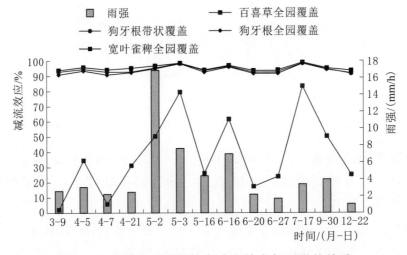

图 6.8　不同林下覆盖技术减流效应与雨强的关系

通过对百喜草全园覆盖、宽叶雀稗全园覆盖、狗牙根带状覆盖、狗牙根全园覆盖和柑橘净耕的年径流深进行对比分析（图 6.9），可知宽叶雀稗全园覆盖、狗牙根带状覆盖、狗牙根全园覆盖年径流深依次增大，百喜草全园覆盖比宽叶雀稗全园覆盖、狗牙根带状覆盖、狗牙根全园覆盖的年径流深大，但是比柑橘净耕的年径流深小。相较于柑橘净耕年径流深来说，百喜草全园覆盖、宽叶雀稗全园覆盖、狗牙根带状覆盖和狗牙根全园覆盖的减流效应分别为 54.45%、96.38%、95.49% 和 95.06%。这表明宽叶雀稗全园覆盖、狗牙根带状覆盖和狗牙根全园覆盖有明显的减流效应，其中宽叶雀稗全园覆盖是 4 种林下覆盖技术减流效应最好的，狗牙根带状覆盖、狗牙根全园覆盖与宽叶雀稗全园覆盖之间差异小。

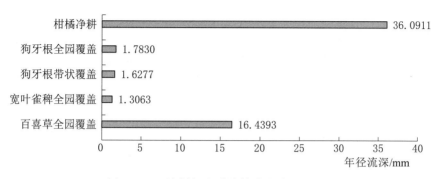

图 6.9　不同林下覆盖技术的年径流深

6.4　坡地果园不同林下覆盖技术减蒸保墒效应

6.4.1　多元覆盖模式下土壤体积含水量变化特征

此次试验选取南丰农村水利科研示范基地研究区柑橘果园林下秸秆＋地膜覆盖、秸秆还田＋地膜覆盖、地膜覆盖及本地多年生披散草本植物金毛耳草覆盖 4 种覆盖处理进行研究，通过对 2022 年 8 月 6 日—10 月 31 日（期间仅 8 月 7 日少许降雨）多元覆盖模式土壤体积含水量随时间变化特征进行研究（图 6.10），可知 4 种覆盖模式 20cm、40cm、60cm 深度土壤体积含水量随时间变化呈逐渐递减趋势，后趋于稳定。从土壤垂直剖面分析，秸秆＋地膜覆盖、地膜覆盖和金毛耳草覆盖土壤体积含水量均表现为 60cm 深度土壤＞40cm 深度土壤＞20cm 深度土壤，但秸秆还田＋地膜表现为 40cm 深度土壤＞60cm 深度土壤＞20cm 深度土壤；从土壤体积含水量大小分析，秸秆＋地膜覆盖土壤体积含水量最大，20cm 深度土壤体积含水量均大于 0.2cm³/cm³，40cm 和 60cm 深度土壤体积含水量均大于 0.21cm³/cm³，其次为地膜覆盖，地膜覆盖在 9 月 5 日前，20cm 深度土壤体积含水量大于 0.2cm³/cm³，40cm 和 60cm 深度土壤体积含水量均大于 0.21cm³/cm³，再次为秸秆还田＋地膜覆盖，20cm 深度土壤体积含水量虽小于 0.2cm³/cm³，但 40cm 和 60cm 深度土壤体积含水量基本上维持在 0.21cm³/cm³ 左右，土壤体积含水量水最小的为金毛耳草覆盖，20cm、40cm、60cm 深度土壤体积含水量在 8 月 7 日降雨后略有升高，其后土壤体积含水量均在 0.2cm³/cm³ 以下。

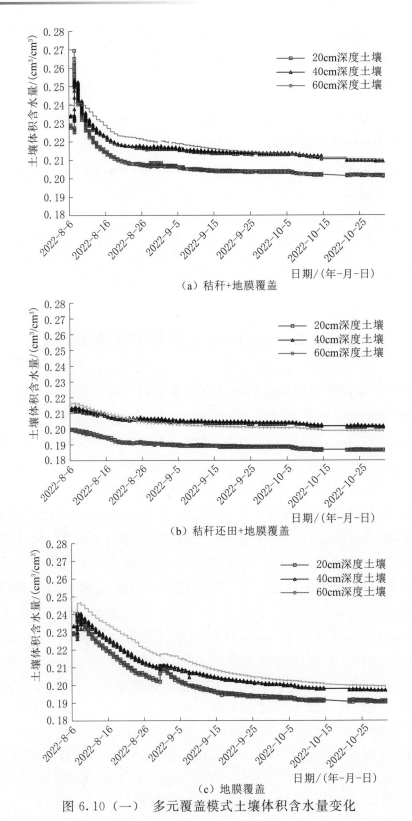

（a）秸秆+地膜覆盖

（b）秸秆还田+地膜覆盖

（c）地膜覆盖

图 6.10（一）　多元覆盖模式土壤体积含水量变化

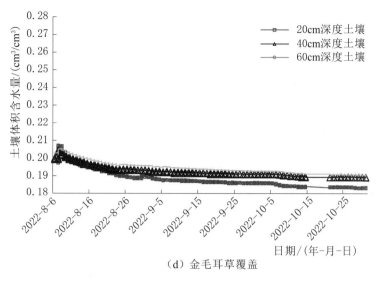

（d）金毛耳草覆盖

图 6.10（二）　多元覆盖模式土壤体积含水量变化

根据上述分析可知，秋季干旱条件下秸秆＋地膜覆盖、秸秆还田＋地膜覆盖、地膜覆盖保水效果较好，金毛耳草覆盖则在 8 月因干旱而干枯死亡。进一步对秸秆＋地膜覆盖、秸秆还田＋地膜覆盖、地膜覆盖进行分析，秸秆＋地膜、秸秆还田＋地膜两种多元覆盖模式随着干旱时间的增加，40cm 和 60cm 深度土壤体积含水量仍可趋于稳定，而地膜覆盖在干旱前期，土壤体积含水量有明显减小趋势，总体而言，秸秆＋地膜覆盖和秸秆还田＋地膜覆盖土壤防旱保水效果较佳。

6.4.2　不同旱情等级保水防旱效应

根据《旱情等级标准》（SL 424—2008），采用连续无雨日数评估农业旱情标准（表 6.1），该试验区划分为 4 个旱情等级：轻旱（10～20d）、中旱（21～45d）、重旱（46～60d）、特旱（＞60d）。结合该试验区 2022 年度降雨特征，可将 8—10 月干旱情况划分为 4 个等级，即 8 月 17—27 日为轻旱，8 月 28 日至 9 月 21 日为中旱，9 月 22 日至 10 月 6 日为重旱，10 月 7—31 日为特旱。

表 6.1　　　　　　　　　　连续无雨日数旱情等级划分表　　　　　　　　　　单位：d

季　　节	地域	不同旱情等级的连续无雨日数			
		轻旱	中旱	重旱	特旱
春季（3—5 月）、秋季（9—11 月）	北方	15～30	31～50	51～75	＞75
	南方	10～20	21～45	46～60	＞60

季　　节	地域	不同旱情等级的连续无雨日数			
		轻旱	中旱	重旱	特旱
夏季（6—8 月）	北方	10～20	21～30	31～50	＞50
	南方	5～10	11～15	16～30	＞30
冬季（12 月 至次年 2 月）	北方	20～30	31～60	61～80	＞80
	南方	15～25	26～45	16～70	＞70

　　由图 6.11 可知，20cm 深度土壤，秸秆＋地膜覆盖和地膜覆盖土壤体积含水量均高于秸秆还田＋地膜覆盖和金毛耳草覆盖，且秸秆＋地膜覆盖和地膜覆盖在轻旱和中旱时递减明显，至重旱和特旱时土壤体积含水量趋于稳定，秸秆＋地膜覆盖和金毛耳草覆盖整体趋于平稳。秸秆＋地膜覆盖、秸秆还田＋地膜覆盖、地膜覆盖和金毛耳草覆盖在轻旱过程中土壤体积含水量衰减值分别为 $0.0254cm^3/cm^3$、$0.0148cm^3/cm^3$、$0.0576cm^3/cm^3$、$0.0254cm^3/cm^3$，中旱过程中土壤体积含水量衰减值分别为 $0.0151cm^3/cm^3$、$0.0102cm^3/cm^3$、$0.0451cm^3/cm^3$、$0.0132cm^3/cm^3$，重旱过程中土壤体积含水量衰减值分别为 $0.0030cm^3/cm^3$、$0.0033cm^3/cm^3$、$0.0107cm^3/cm^3$、$0.0051cm^3/cm^3$，特旱过程中土壤体积含水量衰减值分别为 $0.0061cm^3/cm^3$、$0.0063cm^3/cm^3$、$0.0045cm^3/cm^3$、$0.0082cm^3/cm^3$，由此可知在轻旱和中旱条件下，秸秆＋地膜覆盖、地膜覆盖和金毛耳草覆盖因前期降雨后土壤表层具有一定的保湿作用，土壤体积含水量衰减明显，到特旱时 4 种覆盖措施土壤体积含水量衰减基本趋于稳定，除秸秆＋地膜覆盖土壤体积含水量维持在 $0.2015cm^3/cm^3$ 左右，其他 3 种覆盖措施都在 $0.20cm^3/cm^3$ 以下，即在 20cm 深度土壤，秸秆＋地膜覆盖和地膜覆盖在秋季极端干旱过程中对表层土壤防旱效果较为显著。

　　由图 6.12 可知，40cm 深度土壤，秸秆＋地膜覆盖和地膜覆盖土壤体积含水量在干旱初期较高后呈递减规律，秸秆还田＋地膜覆盖和金毛耳草覆盖土壤体积含水量仍整体趋于稳定，但地膜覆盖在中旱过程中土壤体积含水量下降后慢慢与秸秆还田＋地膜覆盖持平，至重旱和特旱时明显低于秸秆还田＋地膜覆盖土壤体积含水量。在重旱和特旱时土壤体积含水量大小为秸秆＋地膜覆盖＞秸秆还田＋地膜覆盖＞地膜覆盖＞金毛耳草覆盖，即 40cm 深度土壤随着干旱强度的增大，秸秆＋地膜覆盖和秸秆还田＋地膜覆盖保水防旱效果明显，特别是秸秆还田＋地膜覆盖在重旱和特旱时保水效果更为凸显。

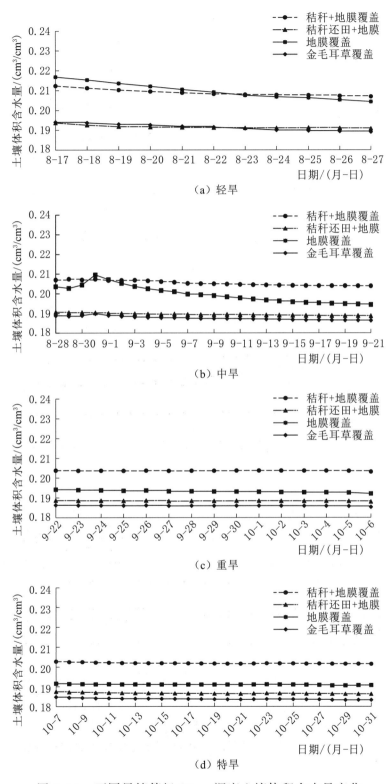

图 6.11　不同旱情等级 20cm 深度土壤体积含水量变化

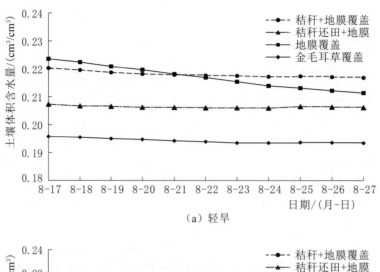

（a）轻旱

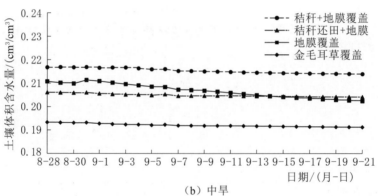

（b）中旱

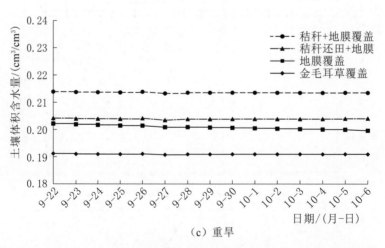

（c）重旱

图 6.12（一）　不同旱情等级 40cm 深度土壤体积含水量变化

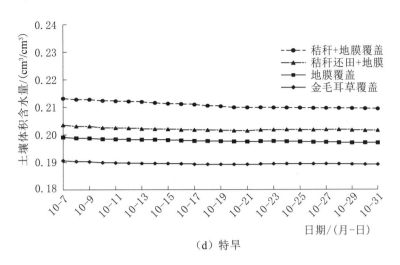

（d）特旱

图 6.12（二）　不同旱情等级 40cm 深度土壤体积含水量变化

由图 6.13 可知，60cm 深度土壤，轻旱时土壤体积含水量大小为地膜覆盖＞秸秆＋地膜覆盖＞秸秆还田＋地膜覆盖＞金毛耳草覆盖，秸秆＋地膜覆盖和地膜覆盖土壤体积含水量随着干旱程度的加剧仍呈递减趋势，重旱时渐趋于稳定，秸秆还田＋地膜覆盖和金毛耳草覆盖递减较小，整体较为平稳。秸秆＋地膜覆盖、秸秆还田＋地膜覆盖、地膜覆盖和金毛耳草覆盖在轻旱过程中土壤体积含水量衰减值分别为 $0.0247cm^3/cm^3$、$0.0255cm^3/cm^3$、$0.0560cm^3/cm^3$、$0.0126cm^3/cm^3$，中旱过程中土壤体积含水量衰减值分别为 $0.0252cm^3/cm^3$、$0.0131cm^3/cm^3$、$0.0571cm^3/cm^3$、$0.0133cm^3/cm^3$，特旱过程中土壤体积含水量衰减值分别为 $0.0132cm^3/cm^3$、$0.0099cm^3/cm^3$、$0.0146cm^3/cm^3$，

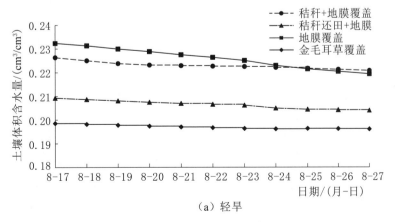

（a）轻旱

图 6.13（一）　不同旱情等级 60cm 深度土壤体积含水量变化

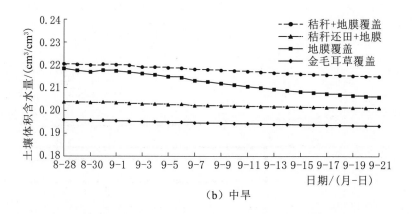

（b）中旱

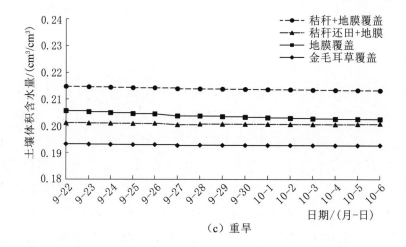

（c）重旱

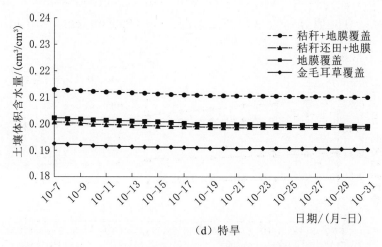

（d）特旱

图 6.13（二）　不同旱情等级 60cm 深度土壤体积含水量变化

$0.0106cm^3/cm^3$，即当干旱至特旱时 4 种覆盖措施土壤体积含水量衰减差异不大，但此时土壤体积含水量大小为秸秆＋地膜覆盖＞地膜覆盖≥秸秆还田＋地膜覆盖＞金毛耳草覆盖，秸秆＋地膜覆盖、地膜覆盖、秸秆还田＋地膜覆盖土壤体积含水量较金毛耳草覆盖分别高 9.33％、4.39％、4.08％。根据上述分析可知，秸秆＋地膜覆盖、地膜覆盖、秸秆还田＋地膜覆盖能明显增加土壤体积含水量，减缓土壤体积含水量的蒸发，金毛耳草覆盖措施在不同旱情等级下土壤体积含水量始终最小。

参 考 文 献

［1］　陈晓远，高志红，刘晓英，等．水分胁迫对冬小麦根、冠生长关系及产量的影响
［J］．作物学报，2004，30（7）：723－728．

［2］　陈正法，张茜茜．我国南方红壤区季节性干旱及对林果业的影响［J］．农业环境
保护，2002，21（3）：241－244．

［3］　程冬兵，张平仓，赵健，等．基于回归等值线法的不同下垫面红壤水分时空变化
规律研究［J］．灌溉排水学报，2009，28（2）：90－94．

［4］　程训强，唐家良，高美荣，等．TDR系统在紫色土坡耕地径流小区土壤水分自动
监测中的应用［J］．中国水土保持，2010（10）：27－29．

［5］　杜康，张北赢．黄土丘陵区不同土地利用方式土壤水分变化特征［J］．水土保持
研究，2020，27（6）：72－76．

［6］　付永威，卢奕丽，任图生．探针有限特性对热脉冲技术测定土壤热特性的影响
［J］．农业工程学报，2014，30（19）：71－77．

［7］　高峰，李建平，王黎黎，等．土壤水运动理论研究综述［J］．湖北农业科学，
2009，48（4）：982－986．

［8］　高建华，胡振华．土壤水分基础理论及其应用研究进展［J］．亚热带水土保持，
2011，23（3）：29－35．

［9］　侯贤清，贾志宽，韩清芳，等．不同轮耕模式对旱地土壤结构及入渗蓄水特性的
影响［J］．农业工程学报，2012，28（5）：85－94．

［10］　黄道友，彭廷柏，陈桂秋，等．亚热带红壤丘陵区季节性干旱成因及其发生规律
研究［J］．中国生态农业学报，2004，12（1）：124－126．

［11］　黄晚华，隋月，杨晓光，等．气候变化背景下中国南方地区季节性干旱特征与适
应Ⅴ．南方地区季节性干旱特征分区和评述［J］．应用生态学报，2013，24
（10）：2917－2925．

［12］　黄晚华，杨晓光，李茂松，等．基于标准化降水指数的中国南方季节性干旱近
58a演变特征［J］．农业工程学报，2010，16（7）：50－59．

［13］　蒋定生，黄国俊．地面坡度对降水入渗影响的模拟试验［J］．水土保持通报，
1984（4）：10－13．

［14］　康金林，杨洁，刘窑军，等．初始含水率及容重影响下红壤水分入渗规律［J］．
水土保持学报，2016，30（1）：122－126．

［15］　李朝霞，王天巍，史志华，等．降雨过程中红壤表土结构变化与侵蚀产沙关系
［J］．水土保持学报，2005，19（1）：1－4，9．

[16] 刘洪顺，王继新. 湘南红壤试验区季节性干旱及防御的研究 [J]. 中国农业气象，1993 (1)：26－30.

[17] 毛迪凡. 孔隙介质渗流基本方程的改进 [D]. 武汉：中国地质大学（武汉），2012.

[18] 宁婷，郭忠升. 半干旱黄土丘陵区撂荒坡地土壤水分循环特征 [J]. 生态学报，2015，35 (15)：5168－5174.

[19] 彭娜，谢小立，王开峰，等. 红壤坡地降雨入渗、产流及土壤水分分配规律研究 [J]. 水土保持学报，2006，20 (3)：17－20，69.

[20] 任图生，邵明安，巨兆强，等. 利用热脉冲-时域反射技术测定土壤水热动态和物理参数 I. 原理 [J]. 土壤学报，2004，41 (2)：225－229.

[21] 赛皮娅古丽·艾比布力. 漫灌条件下幼林枣园水分运移规律实验研究 [D]. 乌鲁木齐：新疆师范大学，2012.

[22] 宋同清，肖润林，彭晚霞，等. 亚热带丘陵茶园间作白三叶草的保墒抗旱效果及其相关生态效应 [J]. 干旱地区农业研究，2006，24 (6)：39－43.

[23] 宋州俊. 红壤季节性干旱对坡耕地水蚀土壤结构变化的响应 [D]. 武汉：华中农业大学，2010.

[24] 隋月，黄晚华，杨晓光，等. 气候变化背景下中国南方地区季节性干旱特征与适应 I. 降水资源演变特征 [J]. 应用生态学报，2012，23 (7)：1875－1882.

[25] 汤文光，唐海明，肖小平，等. 不同保水措施对南方季节性干旱区春玉米的影响 [J]. 中国农业科技导报，2011，13 (3)：102－107.

[26] 唐彬，谢小立，彭英湘，等. 红壤丘岗坡地土地利用与土壤水分的时空变化关系 [J]. 生态与农村环境学报，2006，22 (4)：8－13.

[27] 汪星，张敬晓，汪有科，等. 自然降雨对干化土壤水分恢复有效性分析 [J]. 水土保持学报，2021，35 (1)：161－168.

[28] 王爱国. 关于发展节水灌溉的方向与对策思考 [J]. 中国水利，2011 (6)：35－36，42.

[29] 王春红，王治国，铁梅，等. 河沟流域土壤水分空间变化及植被分布与生物量研究 [J]. 中国水土保持科学，2004，2 (2)：18－23.

[30] 王明珠，陈学南. 低丘红壤区花生持续高产的障碍及对策 [J]. 花生学报，2005，34 (2)：17－22.

[31] 王明珠. 我国南方季节性干旱研究 [J]. 农村生态环境，1997 (2)：7－11.

[32] 王帅兵，王克勤，宋娅丽，等. 不同时间尺度反坡台阶红壤坡耕地土壤水分动态变化规律 [J]. 农业工程学报，2019，35 (8)：195－205.

[33] 王文焰，张建丰. 提高烘干法测定土壤含水量效率的研究 [J]. 陕西水利，1991 (6)：26－29.

[34] 王玉宽，朱波，高美容. 小流域土壤水分空间分异特征及时稳性分析 [J]. 山地学报，2004，22 (1)：116－120.

[35] 吴光艳，郝民利，刘超群，等. 天然降雨与人工降雨特性的研究 [J]. 人民珠江，

2013，34（2）：5 - 7.

[36] 吴汉，熊东红，张宝军，等. 金沙江干热河谷冲沟发育区不同部位土壤水分的时空变化特征 [J]. 西南农业学报，2018，31（2）：384 - 392.

[37] 向龙，余钟波，崔广柏. 土壤水文过程与溶质迁移转化研究进展 [J]. 安徽农业科学，2008，36（31）：13743 - 13747.

[38] 谢小立，王凯荣. 湘北红壤坡地土壤水分特征及其水分运移 [J]. 水土保持学报，2004，18（5）：104 - 107，111.

[39] 徐为群，倪晋仁，徐海鹏，等. 黄土坡面侵蚀过程实验研究 I. 产流产沙过程 [J]. 水土保持学报，1995（3）：9 - 18，77.

[40] 姚贤良. 华中丘陵红壤的水分问题——I. 低丘坡地红壤的水分状况 [J]. 土壤学报，1996（3）：249 - 257.

[41] 於琍，于强，罗毅，等. 水分胁迫对冬小麦物质分配及产量构成的影响 [J]. 地理科学进展，2004，23（1）：105 - 112.

[42] 张斌，张桃林. 南方东部丘陵区季节性干旱成因及其对策研究 [J]. 生态学报，1995，15（4）：413 - 419.

[43] 赵红梅，杨艳君，李洪燕，等. 不同保墒耕作与播种方式对旱地小麦农艺性状及产量的影响 [J]. 灌溉排水学报，2016，35（5）：74 - 78.

[44] 郑家国，张鸿，姜心禄，等. 多熟制条件下节水抗旱农作模式的水分利用率研究 [J]. 西南农业学报，2006（6）：1039 - 1043.

[45] 邹焱，陈洪松，苏以荣，等. 红壤积水入渗及土壤水分再分布规律室内模拟试验研究 [J]. 水土保持学报，2005（3）：174 - 177.

[46] 高国治，张斌，张桃林，等. 时域反射法（TDR）测定红壤含水量的精度 [J]. 土壤，1998（1）：48 - 50.

[47] 孙立，董晓华，陈敏，等. TDR 测定不同湿度土壤含水量的精度比较研究 [J]. 安徽农业科学，2014，42（14）：4279 - 4281.

[48] ARTIOLA J F，PEPPER I L，BRUSSEAU M L. Monitoring and characterization of the environment [J]. Environmental monitoring and characterization，2004.

[49] BASINGER J M，KLUITENBERG G J，HAM J M，et al. Laboratory evaluation of the dual - probe heat - pulse method for measuring soil water content [J]. Vadose zone journal，2003，2（3）：389 - 399.

[50] BITTELLI M. Measuring soil water content：A review [J]. Horttechnology，2011，21（3）：293 - 300.

[51] BOYARSKII D A，TIKHONOV V V，KOMAROVA N Y. Model of dielectric constant of bound water in soil for applications of microwave remote sensing - abstract [J]. Journal of electromagnetic waves and applications，2002，16（3）：411 - 412.

[52] BRIGGS L J. Electrical instruments for determining the moisture，temperature，and soluble salt content of soils [R]. 1899.

［53］ BRISTOW K L，CAMPBELL G S，CALISSENDORFF K. Test of a heat‐pulse probe for measuring changes in soil water content ［J］. Soil science society of america journal，1993，57（4）：930－934.

［54］ CAMPBELL D I，LAYBOURNE C E，BLAIR I J. Measuring peat moisture content using the dual‐probe heat pulse technique ［J］. Australian journal of soil research，2002，40（1）：177－190.

［55］ CAMPBELL G S，CALISSENDORFF C，WILLIAMS J H. Probe for measuring soil specific heat using a heat‐pulse method ［J］. Soil science society of america journal，1991，55（1）：291－293.

［56］ CAMPBELL G S，JUNGBAUER J D，BIDLAKE W R，et al. Predicting the effect of temperature on soil thermal conductivity ［J］. Soil science，1994，158（5）.

［57］ GROTE K，HUBBARD S，RUBIN Y. Field‐scale estimation of volumetric water content using ground‐penetrating radar ground wave techniques ［J］. Water resources research，2003，39（11）.

［58］ GUTINA A，ANTROPOVA T，RYSIAKIEWICZ‐PASEK E，et al. Dielectric relaxation in porous glasses ［J］. Microporous and mesoporous materials，2003，58（3）：237－254.

［59］ HONG‐ZHONG D，XIAO‐E Q，JIN‐CHAO F，et al. Effect of soil moisture on water potentiagradients in the soil‐plant‐atmosphere continuum （SPAC） of apple orchards in the LoessPlateau，Northwest China ［J］. Ying yong sheng tai xue bao = the journal of appliedecology，2020，31（3）：829－836.

［60］ HEITMAN J L，BASINGER J M，KLUITENBERG G J，et al. Field evaluation of the dual‐probe heat‐pulse method for measuring soil water content ［J］. Vadose zone journal，2003，2（4）：552－560.

［61］ HUISMAN J A，SPERL C，BOUTEN W，et al. Soil water content measurements at different scales：Accuracy of time domain reflectometry and ground‐penetrating radar ［J］. Journal of hydrology，2001，245（1－4）：48－58.

［62］ JAWSON S D，NIEMANN J D. Spatial patterns from EOF analysisof soil moisture at a large scale and their dependence on soil，land‐use，and topographic properties ［J］. Advances in water resources，2007，30（3）：366－381.

［63］ LARSON K M，BRAUN J J，SMALL E E，et al. Gps multipath and its relation to near‐surface soil moisture content ［J］. IEEE journal of selected topics in applied earth observations & remote sensing，2010，3（1）：91－99.

［64］ LAUZON N，ANCTIL F，PETRINOVIC J. Characterization of soil mois‐ture conditions at temporal scales from a few days to annual ［J］. Hydrological process，2004，18（17）：3235－3254.

［65］ LI M，SI B C，HU W，et al. Single‐probe heat pulse method for soil water content determination: comparison of methods [J]. Vadose zone journal, 2016, 15 (7).

[66] LIU G, SI B C. Errors analysis of heat pulse probe methods: experiments and simulations [J]. Soil science society of america journal, 2010, 74 (3): 797.

[67] LIU G, SI B C, JIANG A X, et al. Probe body and thermal contact conductivity affect error of heat pulse method based on infinite line source approximation [J]. Soil science society of america journal, 2012, 76 (2): 370.

[68] NADLER A, GAMLIEL A, PERETZ I. Practical aspects of salinity effect on tdr - measured water content: a field study [J]. Soil science society of america journal, 1999, 63 (5): 1070 - 1076.

[69] NJOKU E G, ENTEKHABI D. Passive microwave remote sensing of soil moisture [J]. Journal of hydrology, 1996, 184 (1 - 2): 101 - 129.

[70] PENUELAS J, SARDANS J. Developing holistic models of the structure and function of thesoil/plant/atmosphere continuum [J]. Plant and soil, 2020 (pre-publish).

[71] PERRY M, NIEMANN J. Analysis and estimation of soil moisture atthe catchment scale using EOFs [J]. Journal of hydrology, 2007 (334): 388 - 404.

[72] PRICE J C. Thermal inertia mapping: a new view of the earth [J]. Journal of geophysical research, 1977, 82 (18): 2582 - 2590.

[73] REN T, NOBORIO K, HORTON R. Measuring soil water content, electrical conductivity, and thermal properties with a thermo - time domain reflectometry probe [J]. Soil science society of america journal, 1999, 63 (3): 450.

[74] REN T S, OCHSNER T E, HORTON R. Development of thermo - time domain reflectometry for vadose zone measurements [J]. Vadose zone journal, 2003, 2 (4): 544 - 551.

[75] ROBINSON D A, CAMPBELL C S, HOPMANS J W, et al. Soil moisture measurement for ecological and hydrological watershed - scale observatories: a review [J]. Vadose zone journal, 2008, 7 (1): 358.

[76] RUCKER D F, FERRE T P A. Automated water content reconstruction of zero - offset borehole ground penetrating radar data using simulated annealing [J]. Journal of hydrology, 2005, 309 (1 - 4): 1 - 16.

[77] SAKAKI T, SUGIHARA K, ADACHI T, et al. Application of time domain reflectometry to determination of volumetric water content in rock [J]. Water resources research, 1998, 34 (10): 2623 - 2631.

[78] SALTZMAN B, POLLACK J A. Sensitivity of the diurnal surface temperature range to changes in physical parameters [J]. Journal of applied meteorology, 2010, 16 (6): 614 - 619.

[79] SAYDE C, BUELGA J B, RODRIGUEZ - SINOBAS L, et al. Mapping variabil-

ity of soil water content and flux across 1 – 1000 m scales using the actively heated fiber optic method [J]. Water resources research, 2014, 50 (9): 7302 – 7317.

[80] SCHMUGGE T. Remote sensing of surface soil moisture [J]. Journal of applied meteorology, 1978, 17 (10): 1549 – 1557.

[81] SERBIN G, OR D. Ground – penetrating radar measurement of soil water content dynamics using a suspended horn antenna (vol 42, pg 1695, 2004) [J]. Ieee transactions on geoscience and remote sensing, 2004, 42 (9): 2016.

[82] TOPP G C, DAVIS J L, ANNAN A P, et al. Electromagnetic determination of soil water content using tdr: I. applications to wetting fronts and steep gradients1 [J]. Soil science society of america journal, 1982, 46 (4): 672 – 678.

[83] ULABY F T, DUBOIS P C, ZYL J V. Radar mapping of surface soil moisture [J]. Journal of hydrology, 1997, 184 (1): 57 – 84.

[84] VEREECKEN H, HUISMAN J A, BOGENA H, et al. On the value of soil moisture measurements in vadose zone hydrology: a review [J]. Water resources research, 2008 (44).

[85] VEREECKEN H, HUISMAN J A, PACHEPSKY Y, et al. On the spatio – temporal dynamics of soil moisture at the field scale [J]. Journal of hydrology, 2014 (516): 76 – 96.

[86] VERHOEF A. Remote estimation of thermal inertia and soil heat flux for bare soil [J]. Agricultural & forest meteorology, 2004, 123 (3): 221 – 236.

[87] WEITZ A M, GRAUEL W T, KELLER M, et al. Calibration of time domain reflectometry technique using undisturbed soil samples from humid tropical soils of volcanic origin [J]. Water resources research, 1997, 33 (6): 1241 – 1249.

[88] ZREDA M, DESILETS D, FERRÉ T P A, et al. Measuring soil moisture content non - invasively at intermediate spatial scale using cosmic – ray neutrons [J]. Geophysical research letters, 2008, 35 (21).

[89] ZREDA M, SHUTTLEWORTH W J, ZENG X, et al. Cosmos: The cosmic – ray soil moisture observing system [J]. Hydrology and earth system sciences, 2012, 16 (11): 4079 – 4099.